SCHRIFTENREIHE DES
ÖSTERREICHISCHEN WASSERWIRTSCHAFTSVERBANDES

HEFT 30

Wasserkraft- und Elektrizitätswirtschaft in der Zweiten Republik

von

Dipl.-Ing. Dr. Oskar Vas
Wien

Mit 39 Tafelbildern, 9 Textabbildungen und 9 Tabellen

WIEN
SPRINGER-VERLAG
1956

Nach einem Vortrag, gehalten am 6. Dezember 1955 in einer gemeinsamen
Veranstaltung des Österreichischen Ingenieur- und Architekten-Vereines und
des Österreichischen Wasserwirtschaftsverbandes.

ISBN-13: 978-3-211-80427-8   e-ISBN-13: 978-3-7091-5531-8
DOI: 10.1007/978-3-7091-5531-8

Eigenverlag des österreichischen Wasserwirtschaftsverbandes, Wien 1956.
In Kommission bei Springer-Verlag, Wien.

Am 15. Mai 1955 ist im Belvedere der Staatsvertrag von Wien unterfertigt worden. Zehn Wochen später sind alle fünf erforderlichen Ratifikationsurkunden in Moskau hinterlegt gewesen. Und am 25. Oktober 1955 hat der letzte fremde Soldat das Territorium Österreichs verlassen. Österreich ist frei und das Ziel beharrlichen Strebens erreicht. Ein zehn Jahre währendes Besatzungsregime hat damit sein Ende gefunden, das vom Volke Österreichs mit Sehnsucht erwartet worden ist.

Die Zeit dieses Wartens war aber angefüllt von einer zähen Aufbauarbeit, die zu kaum erhofften Erfolgen geführt hat.

Die Zahl der in der Wirtschaft beschäftigten Menschen hat einen bisher nie verzeichneten Hochstand erreicht. Der Lebensstandard der österreichischen Bevölkerung war seit dem Ende des ersten Weltkrieges noch nie so hoch wie heute. Dies beweisen nicht nur die vom Kuratorium für Wirtschaftlichkeit veröffentlichten Zahlen über das Sozialprodukt, dessen Wert im Jahre 1955 an den Betrag von 100 Milliarden Schilling herangekommen sein dürfte und das damit um mehr als 70% höher liegt als im Jahre 1937; das bemerkt auch jeder, so er mit offenen Augen durch Stadt und Land zieht, ohne daß es mit Zahlen belegt wird. Und der Österreicher darf daher wohl auch berechtigt mit Stolz und großer Befriedigung erfüllt sein.

An dieser Entwicklung ist die Wasserkraft- und Elektrizitätswirtschaft in erheblichem Maße beteiligt.

Die Netzzusammenbrüche aus den ersten Nachkriegsjahren, die jegliche Stromzufuhr unterbrachen, sind heute bereits fast der Erinnerung entschwunden. Natürlich sind unsere Leitungen auch jetzt und in Zukunft der Gewalt der Naturkräfte ausgesetzt; Blitzschlag etwa oder Eiskatastrophen können wichtige Verbindungen unterbrechen und damit den Ausfall ganzer Netzteile bedingen. Selbstverständlich sind aber alle Maßnahmen getroffen, um das Eintreten solcher Ereignisse tunlichst zu verhindern oder ihre Auswirkungen auf ein Minimum zu beschränken. Meist ist es möglich, solche Ausfälle auf Grund der bestehenden Vermaschung des Netzes durch Umschaltung auf andere Leitungswege innerhalb kürzester Frist zu beseitigen. Wie Abb. 1 zeigt, gab es seit 1949 keinen Netzzusammenbruch mehr wegen Überlastung des Netzes, also wegen Wirk- oder Blindleistungsmangels.

Stromausfälle in engem Bereiche dürfen als Ereignisse lokaler Bedeutung hier außer Betracht bleiben; sie können naturgemäß auch nicht mit dem Ausdruck „Netzzusammenbruch" bezeichnet werden. Wir sind also derzeit, ich möchte sagen n o c h imstande, ohne irgendwelche Sparmaßnahmen den Anforderungen an Leistung zu genügen, und hoffen, den Ausbau unserer Wasserkräfte auch fürderhin so fördern zu können, daß der elektrische Strom trotz des stets wachsenden Bedarfes auch in Zukunft in ausreichendem Maße zur Verfügung gestellt werden kann. Wenn man

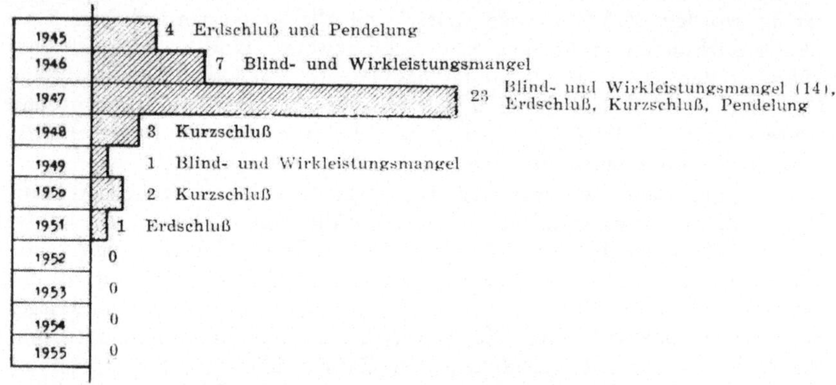

Abb. 1. Anzahl der totalen Netzzusammenbrüche im österreichischen Verbundnetz zwischen 1945 und 1955 und deren Ursachen

allerdings von Bestrebungen hört, die Geldversorgung der Elektrizitätswirtschaft einzuschränken oder diesen Wirtschaftszweig bei der Beschaffung der erforderlichen Mittel hinter anderen Aufgaben einzuordnen, dann allerdings scheint wieder eine Zeit heraufzudämmern, die uns vor ungewollte und produktionsfeindliche Maßnahmen stellen wird.

Abb. 2 zeigt die Entwicklung der österreichischen Elektrizitätswirtschaft seit dem Jahre 1918. Auf die schwache Entwicklung während der Zwischenkriegszeit folgten ein jäher Anstieg während der Kriegsjahre und, in Gestalt einer abwärts gerichteten Zacke, die Auswirkungen des Zusammenbruches von 1945. Doch bereits im Jahre 1946 setzt der kräftige Anstieg wieder ein; er hält seither ununterbrochen an und seine spezifische Zuwachsrate übersteigt den europäischen Durchschnitt beträchtlich. Der Inlandsstromverbrauch des Jahres 1944 mit 4899 GWh fiel wohl 1945 auf 2792 GWh ab, betrug jedoch 1946 schon wieder 3059 GWh. Die folgenden Jahre erbrachten nachstehende Verbrauchswerte:

1947	3505 GWh		1951	6571 GWh
1948	4527 „		1952	7057 „
1949	5074 „		1953	7674 „
1950	5660 „		1954	8627 „

Im Jahre 1955 betrug der Verbrauch voraussichtlich rund 9700 GWh und lag damit um 12,5% höher als im Jahre 1954.

Der geringste Wert des Jahreszuwachses (der von 1951 auf 1952) belief sich auf 486 GWh, das sind 7,4%, der größte (von 1947 auf 1948) auf 1022 GWh, das sind 29,2%. Wohl weisen einzelne Monate gegenüber dem gleichen Monat des Vorjahres einen Abfall auf, dafür über-

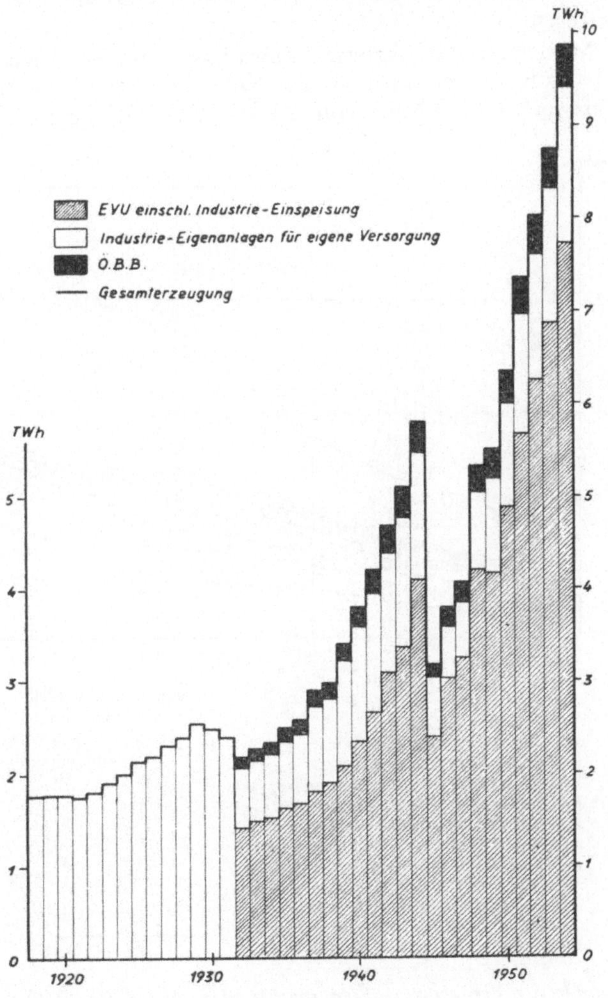

Abb. 2. Die Entwicklung der österreichischen Stromerzeugung seit 1918

steigt der Zuwachs anderer Vergleichswerte den Jahresmittelwert beträchtlich. So betrug der Zuwachs im September von 1947 auf 1948 rund 45%, Oktober und November 1955 weisen gegenüber 1954 wieder eine Steigerung von 22,5% und 20,6% auf. Welche Ansprüche ein solcher Bedarfszuwachs an die Verbundgesellschaft stellt, kann daraus ersehen werden, daß ihre Gesamtabgabe aus dem Verbundnetz gegenüber dem gleichen Monat des Vorjahres im Oktober 1955 um 25,7%, im November um 27,6% gestiegen ist.

Der Mittelwert des jährlichen Zuwachses seit 1946 beläuft sich auf rund 700 GWh, das ist mehr als das halbe Jahresarbeitsvermögen eines Donaukraftwerkes der Größe von Y b b s - P e r s e n b e u g.

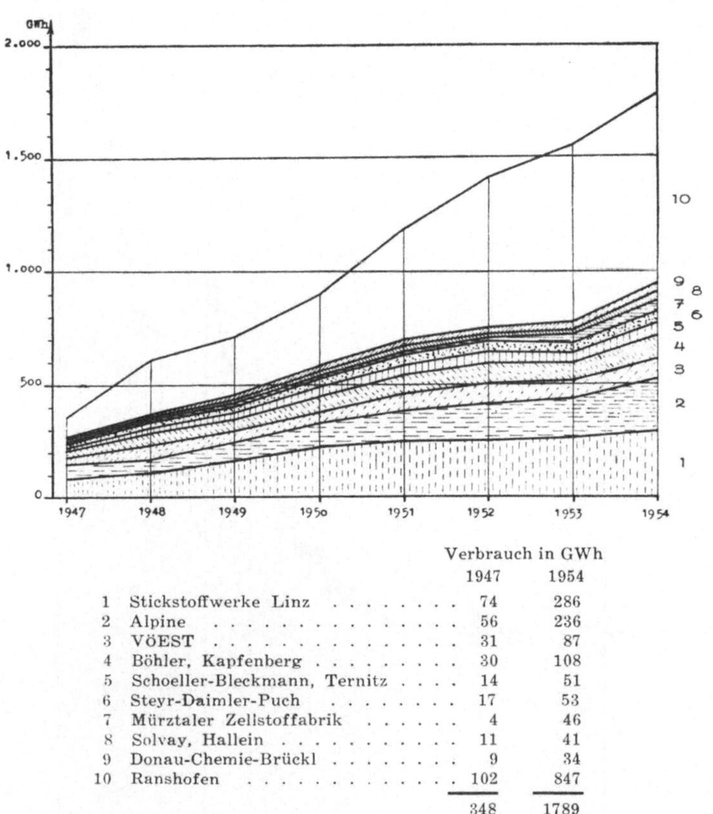

		Verbrauch in GWh	
		1947	1954
1	Stickstoffwerke Linz	74	286
2	Alpine	56	236
3	VöEST	31	87
4	Böhler, Kapfenberg	30	108
5	Schoeller-Bleckmann, Ternitz	14	51
6	Steyr-Daimler-Puch	17	53
7	Mürztaler Zellstoffabrik	4	46
8	Solvay, Hallein	11	41
9	Donau-Chemie-Brückl	9	34
10	Ranshofen	102	847
		348	1789

Abb. 3. Strombezug der zehn größten industriellen Abnehmer in Österreich von 1947 bis 1954

8

Den größten Anteil an dieser Entwicklung hat der Aufschwung der industriellen Produktion, deren Stromverbrauch von 1097 GWh im Jahre 1946 auf 4895 GWh im Jahre 1954 stieg. In dieser Ziffer ist auch der Industrieverbrauch enthalten, der in den sogenannten industriellen Eigenanlagen erzeugt wurde. Während aber deren Erzeugung von 1946 auf 1954 nur um 1262 GWh wuchs, erhöhte sich die Abnahme der Industrie aus dem öffentlichen Netz in der gleichen Zeit um 2536 GWh, also um genau das Doppelte. Betrug der gesamte Industrieverbrauch im Jahre 1946 30,5% des Inlandsverbrauches, so stieg er bis 1954 auf 56,8%. Zehn Großbetriebe haben ihren Verbrauch im Zeitraum von 1947 bis 1954 verfünffacht. Die Entwicklung dieser Großabnehmer ist in Abb. 3 dargestellt.

Dagegen belief sich der Verbrauch der Tarifabnehmer, also von Haushalt, Gewerbe und Landwirtschaft, im Jahre 1946 auf 832 GWh, das sind 23,1% des Gesamtverbrauches, und im Jahre 1954 auf 1569 GWh, das sind 18,2%. Er ist also noch sehr entwicklungsfähig. Während im

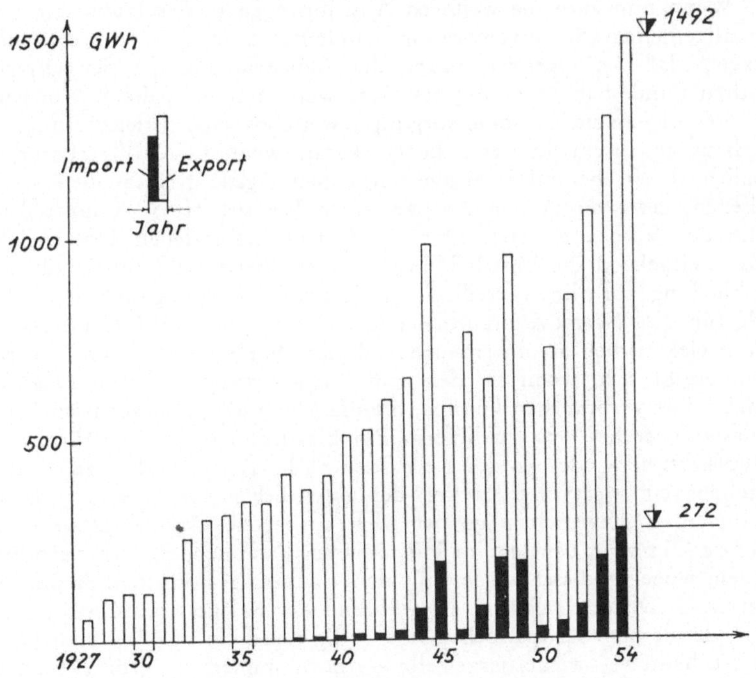

Abb. 4. Export und Import elektrischer Energie in Österreich von 1927 bis 1954

Jahre 1954 im niederösterreichischen Haushalt 61 kWh je Einwohner und in Wien 114 kWh abgenommen wurden, betrug der Verbrauch in den Haushalten Tirols und Vorarlbergs 260 kWh. Der Unterschied zwischen dem Osten und dem Westen Österreichs macht allein mehr als eine halbe Milliarde kWh im Jahr aus.

Sehr beträchtlich ist auch die Steigerung des Stromverbrauches der Österreichischen Bundesbahnen, die einerseits durch den stets dichter werdenden Verkehr, andererseits durch die Elektrifizierung neuer Strecken begründet ist. Ihr Gesamtverbrauch stieg von 1946 mit 204 GWh auf 434 GWh im Jahre 1954, also um 113%.

Der Stromexport, der kurz nach dem ersten Weltkrieg in Gang gekommen ist und besondere Bedeutung hat, wird später noch behandelt. Während im Jahre 1946 nur 763 GWh exportiert wurden, konnte im Jahre 1954 bereits ein Export von 1492 GWh, also das Doppelte, erreicht werden. Die Stromeinfuhr ist dagegen relativ unbedeutend, wenngleich ihre Steigerung im gleichen Zeitraum von 19 GWh auf 272 GWh verhältnismäßig sehr hoch ist (Abb. 4).

Wenn nun auch die weiteren Ausführungen in der Hauptsache von der allgemeinen Stromversorgung handeln werden, so soll dies nicht besagen, daß die Eigenversorgung der Industrie und die der Österreichischen Bundesbahnen gering geschätzt werden sollten; denn es bedeutet für die allgemeine Stromversorgung zweifellos eine Erleichterung, die durchaus in ihrem Interesse liegen kann, wenn es Großverbrauchern möglich ist, in besonders gelagerten Fällen eigene Kraftquellen zu erschließen, etwa durch den Ausbau einer Wasserkraft in unmittelbarer Nähe des Verbrauchsortes. Man wird dem industriellen Unternehmer selbst weitgehend die Entscheidung darüber überlassen können, ob diese Erschließung für ihn vorteilhaft ist. Diese Überlegung gilt vor allem auch für die Wärmeverbraucher der Industrie, die im Gegendruckverfahren elektrischen Strom erzeugen können. Für diese Art von Verbrauchern ergibt sich, wenn sie den von ihnen erzeugten Strom nicht zur Gänze selbst verbrauchen können, oft die Möglichkeit, zu gewissen Zeiten in das öffentliche Netz zu liefern. Ein klassisches Beispiel hiefür ist das Dampfkraftwerk der Z u c k e r f a b r i k E n n s, das zeit seines Bestehens ein wertvoller Helfer der öffentlichen Stromversorgung ist. Zu diesem Kraftwerkstyp gehört auch das große Dampfkraftwerk der H ü t t e L i n z, in dem die im Hüttenbetrieb anfallenden Gase verbrannt werden, wogegen dieser wieder mit dem dadurch gewonnenen Strom versorgt wird. Dieses Kraftwerk ist während des Krieges erbaut worden, es fiel in den letzten Kriegswochen fast völlig den Luftangriffen zum Opfer und ist heute — wiederhergestellt — noch immer die größte österreichische Dampfkraftanlage mit sieben Maschinensätzen von insgesamt 175 MW Leistung (Bild 1).

Der Hinweis auf diese Anlage führt zurück in das Jahr 1945. Bombenschäden mehr oder minder großen Ausmaßes erlitten auch die Kraftwerke E n g e r t h s t r a ß e und S i m m e r i n g der Wiener Elektrizitätswerke; in letzterem wurden auch ein moderner 35-MW-Turbosatz sowie zwei 120-t-Hochleistungskessel von der russischen Besatzungsmacht demontiert, die überdies auch die beiden Maschinensätze des Wasserkraftwerkes D i o n y s e n an der Mur der Steweag wegführte.

Diese Kriegsverluste der Kraftwerke waren, gemessen an der gesamten Kraftwerkskapazität wie im ganzen gesehen, nicht sehr erheblich; für den Wiener Raum allerdings fielen sie außerordentlich schwer ins Gewicht, und dies um so mehr, weil die Kohlenversorgung der Dampfkraftwerke in Wien fast vollkommen unterbunden war. Die zahlreichen Schäden an den Freileitungen konnten schon nach relativ kurzer Zeit behoben werden. Größere Zerstörungen, besonders in den Industriegebieten, an den Umspannwerken, stellten bei der Wiederherstellung keine Probleme. Beträchtliche Schwierigkeiten ergaben sich jedoch bei der Behebung von Kabelschäden, da sich hier der Materialmangel sehr hemmend auswirkte.

In den westlichen Bundesländern gab es kaum Störungen an den Anlagen; in diesen Gebieten erfuhr die Zusammenarbeit der Kraftwerksgesellschaften überhaupt keine Unterbrechung.

So bestand die erste und dringendste Aufgabe der Elektrizitätswirtschaft in dem Neuaufbau der Stromversorgung Kernösterreichs, mit den Industriegebieten von Wien, Niederösterreich und der Nordsteiermark. Infolge der Teilung des Staates in vier Besatzungszonen, deren Grenzen in den ersten Monaten nur unter erheblichen Schwierigkeiten passiert werden konnten, blieb jegliche Initiative zunächst örtlich beschränkt. Sie befaßte sich mit der Wiederherstellung zerstörter Anlagen und hatte hiebei ihre ersten Erfolge.

Doch bereits im Herbst 1945 kamen die führenden Männer der Landesgesellschaften und der Alpenelektrowerke AG. (AEW) zusammen und gründeten zur Wahrung ihrer gemeinsamen Interessen und zur Vorbereitung einer nach einheitlichen Grundsätzen aufgebauten Elektrizitätswirtschaft das Österreichische Elektrizitätswirtschaftskomitee. In den ersten Jännertagen des darauffolgenden Jahres berief der inzwischen ernannte Bundesminister für Energiewirtschaft und Elektrifizierung zu einer Tagung, an der Vertreter der Bundesregierung, der Landesregierungen und der im Elektrizitätswirtschaftskomitee vereinigten Unternehmen sowie Vertreter der Alliierten teilnahmen. Das Ergebnis dieser Tagung war eine Resolution mit Richtlinien für den Betrieb des damals bestehenden Verbundnetzes und die künftige Organisation.

Danach entstand als erstes das Bundesgesetz vom 6. März 1946 über Maßnahmen zur Sicherstellung der Elektrizitätsversorgung, kurz Lastverteilergesetz genannt, das die Organisation des Bundeslastverteilers und der Landeslastverteiler schuf. Diese Organisation, mit ihrer Spitze im nunmehrigen Bundesministerium für Verkehr und verstaatlichte Betriebe, betraut mit der Lenkung der Elektrizitätswirtschaft und der Sicherstellung der infolge des Krieges und seiner Nachwirkungen gefährdeten Elektrizitätsversorgung in dem zur Aufrechterhaltung und zum Wiederaufbau der Wirtschaft notwendigen Ausmaß, hat sich so gut bewährt, daß die Wirksamkeit des befristeten Lastverteilergesetzes trotz der gegen seine Verfassungsrechtlichkeit bestehenden Bedenken immer wieder verlängert wurde. Allerdings hat es verschiedene Änderungen erfahren, die aber seinen sachlichen Inhalt unangetastet ließen. In kurzer Frist hatte sich eine enge, ausgezeichnet funktionierende Zusammenarbeit zwischen Erzeugern, Verteilern und Konsumenten herausgebildet, die im „Lastverteilerbeirat" länderweise und auf der Bundesebene über eigene „Parlamente" verfügen.

Da nun sowohl zahlreiche Stromverteiler als auch die Industrie glauben, auf die Bestimmungen des Lastverteilergesetzes nicht verzichten zu können, wurde seine Gültigkeit, die am 31. Dezember 1955 abgelaufen wäre, vor Jahresende nochmals, und zwar bis zum 31. Dezember 1956, verlängert. Eine in das betreffende Bundesgesetz vom 20. Dezember 1955 aufgenommene Verfassungsbestimmung trägt den vor allem nach Abschluß des Staatsvertrages vermehrten verfassungsrechtlichen Bedenken gegen das Lastverteilergesetz Rechnung. Dringend erforderlich wäre indessen die Schaffung eines modernen Energierechtes, in das die notwendigen Bestimmungen des Lastverteilergesetzes, insbesondere über Zwangsmaßnahmen in Notfällen und die Durchführung einer den Bedürfnissen der Wirtschaft entsprechenden Statistik, aufgenommen werden müßten.

Schwierig — weil in hohem Maße in den politischen Kreisen umstritten — war die Lösung des auch schon anfangs 1946 erörterten Problems der Neuorganisation der österreichischen Elektrizitätswirtschaft. Das nach langen und schwierigen Auseinandersetzungen am 26. März 1947 beschlossene 2. Verstaatlichungsgesetz trägt daher die Merkmale eines ausgesprochenen Kompromisses; es entpricht aber weitgehend den Richtlinien von 1946. Es ist vor allem ein Organisationsgesetz. Neu in der Hauptsache war die Beteiligung des Bundes in einem bestimmten Bereich der Organisation. Die eigentliche „Verstaatlichung" beschränkte sich lediglich auf die damals in privater Hand befindlichen rund 5% der allgemeinen Stromversorgung.

Auf Einzelheiten der gesetzlichen Bestimmungen einzugehen, ist heute schon nicht mehr interessant genug. Die Elektrizitätswirtschaft, deren Organisation nach den Bestimmungen dieses Gesetzes in weitem Umfang gelungen ist, bedarf heute seiner kaum. Die Errichtung des sogenannten Verbundkonzerns, bestehend aus der Verbundgesellschaft und den Sondergesellschaften, hat sich bewährt; dieser Konzern hat praktisch das Erbe der zentralistischen AEW in einer dem bundesstaatlichen Charakter der österreichischen Staatsverfassung angepaßten Form übernommen; und auch die Flurbereinigung innerhalb der Landesgesellschaften, deren Versorgungsgebiete bis dahin zerrissen und aufgesplittert waren, hat gute Ergebnisse erzielt, insbesondere in den Ländern Kärnten, Niederösterreich und Salzburg, deren Landesgesellschaften bis dahin wenig bedeutend waren. Aber auch in den anderen Bundesländern ergaben sich vorteilhafte Vereinfachungen bei den Landesgesellschaften und in ihren Versorgungsgebieten.

Die wenigen heute noch aktuellen Bestimmungen des 2. Verstaatlichungsgesetzes, wie etwa die entgegen den Vorschriften des Aktiengesetzes geregelte Zusammensetzung des Aufsichtsrates der Verbundgesellschaft und Bestellung ihres Vorstandes oder etwa die auf hoheitsrechtliches Gebiet übergreifenden Aufgaben dieser Gesellschaften, können ebensogut, oder vielleicht besser, in einem modernen Energiegesetz geregelt werden.

Ansonsten sind die Jahre 1945 bis 1947 in der Elektrizitätswirtschaft dadurch charakterisiert, daß die bestehenden Gesellschaften mit Mühe ihre Baustellen erhalten, vor Schäden bewahren und nur in wenigen Fällen weiterbauen konnten. Der Mangel an finanziellen Mitteln, Baumaterial und nicht zuletzt an Arbeitern lähmte fast jegliche Tätigkeit. Die von der AEW begonnenen Bauten in den Tauern, an der Donau und Drau wurden dürftig vom Staat versorgt, der zur Führung ihrer Geschäfte öffentliche Verwalter bestellt hatte.

Nachdem das 2. Verstaatlichungsgesetz die bestehenden organisatorischen Schwierigkeiten beseitigt hatte und die Verhältnisse auf wirtschaftlichem Gebiet, wenn auch nur langsam, so doch fühlbar besser geworden waren, konnte man an die Fortsetzung des Wasserkraftausbaues schreiten. Eine wesentliche Förderung dieser Arbeiten bildete das Anlaufen der ERP-Hilfe, die die Lösung des Hauptproblems, nämlich die Finanzierung ganz wesentlich erleichterte. Selbstverständlich wurden alle verfügbaren Beträge in erster Linie den bereits begonnenen Bauten zugeführt, um möglichst rasch zu greifbaren Erfolgen zu gelangen. Erfreulicherweise konnten einige Gesellschaften, wie zum Beispiel die Tiwag beim Fertigbau des Gerloswerkes oder die Vorarlberger Illwerke AG. bei der Fertigstellung der Anlagen im Montafon und deren Erweiterung durch die Bachüberleitungen aus Tirol, ohne Counterpartmittel das Auslangen finden.

In der folgenden Tabelle I sind die wichtigsten dieser Kraftwerke mit Leistung und Jahresarbeitsvermögen angeführt. Die Bilder 2 bis 13 zeigen Teile einiger dieser Anlagen.

Nur eine Baustelle konnte trotz aller Bemühungen vorerst nicht

Anlage	Baubeginn		Gewässer	Mögliche Höchst-leistung in MW
	durch Unternehmen	im Jahre		
Rodund	Vorarlberger Illwerke AG.	1938	Ill	170
Latschau	Vorarlberger Illwerke AG.	1943	Ill	9
Gerlos	Tiroler Wasserkraftwerke AG.	1939	Gerlosbach	60
Lavamünd	Alpenelektrowerke AG.	1942	Drau	24
Dionysen	Steirische Wasserkraft- u. Elektrizitäts-AG.	1941	Mur	11
Kaprun, Hptst.	Alpenelektrowerke AG.	1938	Kapruner Ache	220
Uttendorf	Deutsche Reichsbahn	1941	Stubache	24
Rott	Stadtwerke Salzburg	1941	Saalach	4
Obernberg (-Egglfing)	Innwerk AG.	1941	Inn	42
Großraming	Kraftwerke Oberdonau AG.	1942	Enns	54
Ternberg	Hermann-Göring-Werke	1939	Enns	30
Staning	Kraftwerke Oberdonau AG.	1941	Enns	33
Mühlrading	Kraftwerke Oberdonau AG.	1941	Enns	23
Ybbs-Persenbeug	Rhein-Main-Donau AG.	1938	Donau	192

[1] Bei Angabe von zwei Jahreszahlen kennzeichnen diese die Inbetriebnahme

3 MW Leistung, die sich im Jahre 1945 in Bau befanden

Regelarbeitsvermögen			Inbetriebnahme		Anmerkung
Winter	Sommer	Jahr			
	GWh		durch Unternehmen	im Jahre [1]	
91	244	335	Vorarlberger Illwerke AG.	1943/51	Zwei Maschinensätze mit Pumpen ausgestattet
6	17	23	Vorarlberger Illwerke AG.	1950	
41	189	230	Tiroler Wasserkraftwerke AG.	1948	Endgültige Inbetriebnahme nach Schäden im Druckschacht
52	86	138	Alpenelektrowerke AG. (ab 1947: Österr. Draukraftwerke AG.)	1944/49	
31	44	75	Steirische Wasserkraft- u. Elektrizitäts-AG.	1944/50	Beide Maschinensätze 1945 demontiert
185	25	210	Alpenelektrowerke AG. (ab 1947: Tauernkraftw. AG.)	1944/52	
27	48	75	Österr. Bundesbahnen	1950/51	
6	13	19	Stadtwerke Salzburg	1950/51	
88	160	248	Innwerk AG.	1944/50	Österr. Hälfte
84	158	242	Ennskraftwerke AG.	1950/51	
60	99	159	Ennskraftwerke AG.	1949/50	
65	109	174	Oberösterr. Kraftwerke AG. (ab 1947: Ennskraftw. AG.)	1946/51	
40	62	102	Ennskraftwerke AG.	1948/52	
550	724	1274	Österr. Donaukraftwerke AG.		Inbetriebnahme voraussichtlich 1957/59

des ersten und letzten Maschinensatzes.

wieder belebt werden: die des Donaukraftwerkes Y b b s - P e r s e n -
b e u g (Bild 14). Nachdem im Jahre 1938 die Rhein-Main-Donau AG. als
Bauherrschaft bestimmt worden war, fiel die Baustelle nach Kriegsende
unter den sattsam bekannten Begriff des „Deutschen Eigentums", wodurch
die Fortführung der Arbeiten lange Jahre hindurch unmöglich gemacht
wurde. Erst am 17. Juli 1953 konnte ein Übereinkommen mit der russischen Besatzungsmacht geschlossen werden, durch das die so lange brach
gelegenen Baustelleneinrichtungen wieder zum Leben erweckt werden
sollten.

Die Vollendung der in Tabelle I enthaltenen Wasserkraftbauten erbrachte bis Ende 1955 einen Zuwachs an Leistung um rund 700 MW und
an Regelarbeitsvermögen von 2000 GWh, wovon etwa 500 MW und
1400 GWh auf die erst nach 1945 fertiggestellten Anlagen und Maschinensätze entfallen. Dieses erste erfreuliche Ergebnis des Wasserkraftbaues in
der Zweiten Republik ist für mich persönlich deswegen besonders be-
glückend, weil damit eine unter schwierigsten Verhältnissen während der
Besetzung Österreichs geleistete, auf die Nachkriegszeit abgestellte Arbeit
ihren vollen Erfolg fand. Um einer Ehrenpflicht zu genügen, sollen bei
dieser Gelegenheit die Namen jener leitenden österreichischen Techniker
festgehalten werden, die im Bewußtsein ihrer Verantwortung die Bauten
in Angriff nahmen und damit erreichten, daß diese stolze Ernte einge-
bracht werden konnte. Es sind dies in alphabetischer Reihenfolge:
Dir. Dipl.-Ing. Dr. h. c. AMMANN der Vorarlberger Illwerke AG.,
der verschollene ehemalige Direktor der Steweag Dipl.-Ing. AUGUSTIN,
der jetzige Professor des Wasserbaues an der Technischen Hochschule Graz
und damalige Direktor der Alpenelektrowerke Dipl.-Ing. Dr. GRENGG,
der in den letzten Tagen des Krieges einem Luftangriff zum Opfer ge-
fallene Direktor der KOA Dipl.-Ing. NIETSCH und der jetzige Gene-
raldirektor der Tiwag, damals Direktor der Alpenelektrowerke, Baurat
Dipl.-Ing. STEINER.
War dieses Programm, man könnte es Fertigstellungsprogramm
nennen, zunächst eine Selbstverständlichkeit, so ermöglichte es, während
seiner Durchführung die weitere Planung auf eigene Bedürfnisse abzu-
stellen. Daß die daraufhin in Angriff genommenen Vorhaben in zahlreichen Fällen Erweiterungen bestehender Anlagen sind oder der Vollendung von Werksgruppen dienen, ist wohl ohne weiteres einleuchtend.
Zur ersteren Gruppe zählen die sogenannten W a s s e r ü b e r l e i t u n g e n
a u s T i r o l, die in der Werksgruppe O b e r e I l l der Vorarlberger Illwerke AG. einen Zuwachs von 373 GWh erbrachten, die D ü r r a c h -
b e i l e i t u n g (Bild 15) der Tiroler Wasserkraftwerke AG. zum
A c h e n s e e mit 55 GWh, sowie die M ö l l b e i l e i t u n g der Tauernkraftwerke AG. (Bild 16) nach dem M o o s e r b o d e n mit 256 GWh
(Bild 17), sie stellen wirtschaftlich außerordentlich günstige und folge-

16

richtige Ergänzungen der bestehenden Kraftwerke dar. Ein Umbau der Maschinensätze des Kraftwerkes V e r m u n t erbrachte gleichzeitig auch eine Erhöhung der Leistung um 26 MW, die Aufstellung eines weiteren Maschinensatzes im A c h e n s e e k r a f t w e r k 25 MW neue installierte Leistung.

Im Grunde genommen ist auch der Entschluß zur Errichtung der O b e r s t u f e K a p r u n mit dem S p e i c h e r M o o s e r b o d e n eine logische Folge der Fertigstellung der H a u p t s t u f e und der M ö l l - b e i l e i t u n g. Mit ihr gelang der Abschluß des bei Baubeginn vor- liegenden Konzeptes, das trotz aller in die Zwischenzeit fallenden Ereig- nisse in den Grundzügen unverändert ausgeführt wurde, zeugnisablegend von dem Weitblick seines Verfassers.

Die Bedeutung der O b e r s t u f e K a p r u n (Bild 24) erschöpft sich nicht allein in der eigenen Leistung von 112 MW mit einem Energie- dargebot von 150 GWh jährlich, denn sie verbessert auch die Hauptstufe durch Verlagerung von rund 160 GWh Sommerenergie in den Winter. Die geplante Aufstellung zweier Speicherpumpen wird darüber hinaus noch die Veredelung von rund 300 GWh Abfallenergie in 200 GWh Spitzenstrom ermöglichen.

Auch die Ausgestaltung des W e i ß s e e s zum Langspeicher durch die ÖBB für ihre W e r k s g r u p p e S t u b a c h erbrachte eine Verlagerung von 27 GWh aus dem Sommer in die Wintermonate (Bild 18).

Ganz kurz sollen nun die übrigen bemerkenswerten Anlagen er- wähnt werden:

Um den Rückhalt des S p e i c h e r s S p u l l e r s e e besser zu nutzen, errichteten die Österreichischen Bundesbahnen das Alfenzkraftwerk B r a z mit 25 MW und 80 GWh, dessen natürliche jahreszeitliche Auf- teilung des Energiedargebotes durch die Fernspeicherwirkung des genann- ten Stausees bedeutend verbessert wird (Bild 19).

Das Kraftwerk R o s e n a u der Ennskraftwerke AG. mit 25 MW und 134 GWh, das im Jahre 1954 fertiggestellt wurde, bildet ein weiteres Glied der von Hieflau bis zur Mündung in die Donau geplanten Enns- Kraftwerkskette und verbessert deren Schwellbetrieb (Bild 20).

Die Innstufe B r a u n a u (Bild 21) der Österreichisch-Bayerischen Kraftwerke AG. setzt den 1939 begonnenen Ausbau der Inngrenzstrecke zwischen Bayern und Oberösterreich systematisch fort. Als vorbildlich wurde von seiten internationaler Institutionen der Vorgang bezeichnet, den hiebei Österreich und der Freistaat Bayern eingeschlagen haben. Es war meine erste Handlung nach Berufung in den Vorstand der Verbund- gesellschaft, dem damaligen Treuhänder der Innwerke AG., Konrad STERNER, den Vorschlag zu machen, sobald wie möglich gemeinsam an die Errichtung der Innstufe B r a u n a u zu schreiten. Bald wurden die Projektierungsarbeiten aufgenommen, zugleich wurden Besprechungen

Anlage	Gewässer	Baubeginn	
		durch Unternehmen	im Jahre
Silvrettaspeicher (Erweiterung)	Ill	Vorarlberger Illwerke AG.	1946
Wasserüberleitungen aus Tirol: Auswirkung in Vermunt Auswirkung in Latschau Auswirkung in Rodund	Bäche des Paznauntales	Vorarlberger Illwerke AG.	1948
Braz	Alfenz	Österreichische Bundesbahnen	1948
Achensee (Erweiterung)	Dürrach	Tiroler Wasserkraftwerke AG.	1948
Kalserbach	Kalserbach	Tiroler Wasserkraftwerke AG.	1948
Mühlau	Mühlauer Quellen	Stadtwerke Innsbruck	1948
Kolbnitz	Mühldorfer- und Riekenbach	Kärntner Elektrizitäts AG. (1949 übergeben an Österr. Draukraftwerke AG.)	1947
Kamering	Weißenbach	Kärntner Elektrizitäts AG.	1951
Salza-St. Martin	Salza	Steirische Wasserkraft- und Elektrizitäts-AG.	1947
Hierzmannspeicher	Teigitsch	Steirische Wasserkraft- und Elektrizitäts-AG.	1948
Hieflau	Enns	Steirische Wasserkraft- und Elektrizitäts-AG.	1953
Möllbeileitung n. Kaprun	Möll	Tauernkraftwerke AG.	1950
Kaprun, Oberstufe	Kapruner Ache	Tauernkraftwerke AG.	1951
Kaprun, Hauptstufe	Kapruner Ache	Tauernkraftwerke AG.	1952
Weißseespeicher	Weißsee	Österreichische Bundesbahnen	1952
Kitzloch (Erweiterung)	Rauriser Ache	Salzburger Aluminium-GmbH.	1951
Jochenstein	Donau	Donaukraftwerk Jochenstein AG.	1952
Braunau	Inn	Österreich.-Bayerische Kraftwerke AG.	1951
Rosenau	Enns	Ennskraftwerke AG.	1950
Ranna (Erweiterung)	Ranna	Oberösterr. Kraftwerke AG.	1947
Dobra-Krumau	Kamp	Niederösterreichische Elektrizitätswerke AG.	1949

[1] Bei Angabe von zwei Jahreszahlen kennzeichnen diese die Inbetriebnahme
[2] Mit Hilfe von 300 GWh Pumpstrom können jährlich zusätzlich 200 GWh
[3] Mit Hilfe von 50 GWh Pumpstrom können jährlich zusätzlich 30 GWh

Leistung, die nach dem Jahre 1945 begonnen oder erweitert wurden

Jahr der Inbetriebnahme [1]	Mögliche Höchstleistung in MW	Regelarbeitsvermögen			Anmerkung
		Winter	Sommer	Jahr	
		GWh			
1948	—	22	— 20	2	Auswirkung i. d. Werksgruppe Obere Ill
1951/53					
	26	40	221	261	Einschl. Umbau der Maschinensätze
	—	1	4	5	
	—	16	91	107	
1953/54	24	25	55	80	
1951/52	8	30	25	55	Dürrachbeileitung und 8. Maschinensatz
1950	6	16	25	41	
1951	6	16	19	35	Wasserleitungskraftwerk
1950/52	24	20	40	60	Reißeck-Laufstufe
1952	8	17	20	37	
1949	7	13	15	28	
1950	—	4	— 4	—	Auswirkung im Kraftwerk Arnstein
1955	20	75	75	150	1. Maschinensatz
1953	—	36	220	256	Auswirkung in der Hauptstufe
1954/55	112	84	66	150[2]	
1955	—	160	—160	—	Auswirkung des Speichers Mooserboden
1954	—	27	— 27	—	Auswirkung in der Werksgruppe Stubach
1953/54	8	20	45	65	
1955	38	160	170	330	Österreichische Hälfte. Bisher 3 Maschinensätze in Betrieb
1953/54	48	88	167	255	Österreichische Hälfte
1953/54	25	50	84	134	
1951	11	1	2	3[3]	Speicher und 3. und 4. Maschinensatz
1953	16	15	20	35	

des ersten und letzten Maschinensatzes.
Spitzenstrom erzeugt werden.
Spitzenstrom erzeugt werden.

mit den beidseitigen Behörden eingeleitet, die in beispiellos kurzem Zeitraum im Jahre 1950 zur Unterzeichnung eines neuartigen Regierungsübereinkommens über den Ausbau der Inn- und Salzachgrenzstrecke führten. Und zweieinviertel Jahre nach dem 1951 erfolgten Baubeschluß lief in B r a u n a u der erste Turbinensatz. Jeweils die Hälfte von 96 MW Leistung und 510 GWh Arbeitsvermögen stehen hier Österreich und Bayern zur Verfügung.

Diese reibungslose Zusammenarbeit ermutigte 1950 dazu, gemeinsam mit der Rhein-Main-Donau AG. (München) den Bau des Donaukraftwerkes J o c h e n s t e i n zu planen (Bild 22). Ein dem vorgehenden ähnliches Abkommen zwischen Wien und Bonn wurde raschestens fertiggestellt. Nach Genehmigung durch die beiden Regierungen konnte die neugegründete Donaukraftwerk Jochenstein AG. schon Ende 1952 an den Bau schreiten. Seit Mai 1955 sind bereits drei Maschinensätze (je 28 MW) in Betrieb. Mit der Bauvollendung wird binnen Jahresfrist gerechnet. Für Österreich bedeutete dies den ersten Schritt in die Donau, unsere größte und leistungsfähigste Kraftquelle, mit allen damit verbundenen Konsequenzen. Darunter verstehe ich nicht nur die Auseinandersetzungen mit der Schiffahrt und die Meisterung vieler besonderer technischer Probleme bei Projektierung, Baudurchführung (Bild 23) und künftigem Betrieb, sondern auch die Notwendigkeit, den nun einmal begonnenen Ausbau des Stromes aus strombaulichen Erwägungen konsequent und in lückenloser Geschlossenheit fortzusetzen. Der in Bearbeitung befindliche Rahmenplan wird auch eine Reihe von Problemen der Wasserwirtschaft und der Landesplanung lösen und damit eine zweckdienliche Raumordnung im Donautal inaugurieren.

Das Kraftwerk J o c h e n s t e i n wird nach Vollendung 140 MW Leistung und 920 GWh Regelarbeitsvermögen besitzen; auch die Anordnung eines Pumpspeicherbeckens zur Veredelung der Schwachlastenenergie ist technisch-wirtschaftlich in engstem örtlichem Zusammenhang möglich.

In Tabelle II sind neben den eben erwähnten die wichtigsten anderen Kraftwerke angeführt, die in den letzten Jahren entstanden sind. Die Bilder 25 bis 28 geben dazu einige Illustrationen.

Besonders sei auf das Kraftwerk der Gruppe R e i ß e c k - K r e u z e c k hingewiesen, mit denen ein neues Wasserkraftgebiet erschlossen wird. Wohl steht gegenwärtig erst die sogenannte R e i ß e c k - L a u f s t u f e mit 24 MW und 60 GWh in Betrieb (Bild 31), doch wird zügig am Ausbau der Speicherstufe gearbeitet, deren Fallhöhe von rund 1771 m bisher auf der Welt noch nicht erreicht wurde. Der mit Hilfe eines Weltbankkredits finanzierte Vollausbau wird 132 MW Leistung mit einem Jahresarbeitsvermögen von 348 GWh erbringen.

Es wird viefach die Meinung geäußert, daß die kleineren Kraftwerksbauten der Landesgesellschaften, von Städten oder der Industrie nicht

20

gerechtfertigt seien, selbst wenn auch nicht bestritten werden kann, daß sie etwa zum Beispiel „zur Erfüllung der Aufgaben der Landesgesellschaften bestimmt sind", wie § 4, lit (1), des 2. Verstaatlichungsgesetzes verlangt, weil hiedurch die ohnehin beschränkten, zur Finanzierung der Kraftwerksbauten zur Verfügung stehenden Mittel zersplittert würden. Diese Auffassung ist einseitig und offenbar falsch, sie geht nämlich von dem unrichtigen Gedanken aus, daß der Ausbau kleiner Anlagen verhältnismäßig mehr koste als der großer Werke. Dies ist sehr oft nicht der Fall, denn die spezifischen Anlagekosten, das sind die auf die gewertete KWh bezogenen Baukosten, sind grundsätzlich nicht wesentlich von der Größe der Anlage, sondern von den besonderen Anlageverhältnissen abhängig.

Außerdem darf man nicht übersehen, daß der Verbundbetrieb lokale, momentan einsatzbereite Spitzenwerke nicht entbehren kann. Man muß daher besonders die Kurzspeicherwerke in den Ländern auch unter Gesichtspunkten betrachten, die keiner mathematischen Formulierung zugängig sind.

Nun noch ein kurzer Blick auf die kalorischen Anlagen, die unabdingbare Ergänzung unserer Wasserkraftwerke im Winter und zu Trockenzeiten. Bei Kriegsende waren in Eigenanlagen und Kraftwerken der allgemeinen Stromversorgung etwa 400 MW kalorische Leistung einsatzbereit. Durch Beseitigung der Demontageverluste und Kriegsschäden in den Kraftwerken S i m m e r i n g, E n g e r t h s t r a ß e und H ü t t e L i n z, die Erweiterung des Dampfkraftwerkes V o i t s b e r g (um 20 MW) und den Neubau des Dampfkraftwerkes S t. A n d r ä (67 MW) erhöhte sich die Engpaßleistung auf rund 800 MW, wovon die Hälfte in industriellen Eigenanlagen installiert ist; 140 MW aus diesen Anlagen stehen jedoch dem Hauptlastverteiler der Verbundgesellschaft für den Einsatz im Verbundnetz zur Verfügung, so daß die verfügbare Dampfleistung der allgemeinen Versorgung sich auf rund 540 MW beläuft.

Die Betrachtung der Elektrizitätswirtschaft Österreichs wäre aber unvollständig, wenn nicht des Stromexportes besonders gedacht würde. Der Reichtum Österreichs an Wasserkräften hat bekanntlich schon frühzeitig dazu geführt, daß der Überschuß des Dargebotes in verschiedenen Versorgungsgebieten nach aufnahmebereiten Räumen jenseits der Grenzen drängte. Richtungsweisend für einen europäischen Verbundbetrieb erwiesen sich Aufbau und Organisation der Illwerke in der ersten Hälfte der Zwischenkriegszeit. Die Vorarlberger Illwerke AG., bekanntlich die Gründung deutscher Elektrizitätsversorgungsunternehmen unter Mitwirkung der Schweiz, hat seit der Inbetriebnahme ihres ersten Kraftwerkes, des V e r m u n t - K r a f t w e r k e s in Parthenen, den überwiegenden Teil ihrer Erzeugung nach Deutschland (Württemberg und dem Rheinland) geliefert. Dank der Speicherfähigkeit ihrer Werke ist sie imstande, weitgehend Belastungsspitzen des westdeutschen Netzes zu decken.

Ungefähr gleich weit liegen die Anfänge der Stromausfuhr der Tiwag, der Tiroler Wasserkraftwerke AG., nach dem benachbarten Bayern zurück, die ihren Ausgang von der Errichtung des A c h e n s e e - K r a f t w e r k e s nahmen. Dessen Erzeugung überstieg den damaligen Tiroler Landesbedarf erheblich, und trotz aller Bemühungen ist es nicht gelungen, beim E-Werk Wien eine Abnahmebereitschaft für diese überschüssige Energie zu finden. Man kann heute erkennen, daß die Energiekatastrophe von 1945 nicht eingetreten wäre, wenn man in den dreißiger Jahren eine leistungsfähige Hochspannungsleitung von Tirol nach Wien hätte errichten können, analog der 220-kV-Schiene entlang des Rheins.

Die enge elektrizitätswirtschaftliche Verflechtung von Tirol und Vorarlberg mit Deutschland wurde während des zweiten Krieges durch weitere Leitungsbauten verdichtet, da man bestrebt war, einen intensiven Verbundbetrieb zwischen den Alpenwasserkräften und den mitteldeutschen Braunkohlengebieten zu schaffen. Noch heute ist Westdeutschland der Hauptabnehmer unseres Exportstromes. Die Bundesrepublik hat im Jahre 1954 1388 GWh, das sind 93% der Gesamtausfuhr, aufgenommen. Diese auf den ersten Blick vielleicht überraschend einseitig scheinende Orientierung unseres Exports nach dem Nordwesten findet ihre Begründung darin, daß Westdeutschlands Elektrizitätsversorgung zu 80% auf kalorischer Basis beruht und daher im Gegensatz zu unseren anderen westlichen und südlichen Nachbarn einen idealen, natürlichen Verbundpartner darstellt.

In ebensolchem Maße gilt dies, wenn man die Sache grundsätzlich betrachtet, auch für unsere nördlichen und östlichen Nachbarn: die Tschechoslowakische Republik und Ungarn. Bekanntlich ist es während des zweiten Weltkrieges versucht worden, die Sammelschiene, die aus Bayern quer durch Oberösterreich und Niederösterreich bis Wien erstellt wurde, nach dem Norden, also nach Mähren, und nach dem Osten, in Richtung nach Preßburg, fortzuführen. Doch blieb diesen Bemühungen der Erfolg versagt; und so bestanden im Jahre 1945 nur Anfänge eines Leitungsstückes in diesen Richtungen. Mehr als rein örtliche Verbindungen zwischen Oberösterreich und Böhmen, Niederösterreich und Mähren sind auch in der Zwischenzeit nicht entstanden. Erst in den letzten Monaten sind Verhandlungen mit den Tschechen und Ungarn in Gang gekommen, welche zur Hoffnung berechtigen, daß auch hier eine für alle Partner gedeihliche elektrizitätswirtschaftliche Zusammenarbeit in die Wege geleitet werden könnte. Die Verhandlungen mit den zuständigen tschechoslowakischen Stellen betreffen einen jahreszeitlich geordneten Stromaustausch, die mit Ungarn eine vorläufig einseitige Stromausfuhr; konkrete Ergebnisse sind noch nicht erzielt worden.

Dagegen sind in den letzten Jahren Verbindungen mit Italien und mit Jugoslawien aufgenommen worden. Sie wirken sich in stetig wachsenden Ziffern des Stromaustausches mit diesen Ländern aus. Bei den Beziehungen zu diesen beiden Staaten erweist sich aber nicht die naturgemäße Ergänzung von Wasserkraft und Wärmekraft als treibender Faktor, sondern die durch den verschiedenen hydrologischen Charakter bewirkten merklichen Unterschiede im Jahresgang des Abflusses der Gewässer, die die Ergänzung über die Grenzen hinweg fruchtbringend machen, da die Extremwerte des natürlichen Wasserdargebotes hüben und drüben zu anderen Zeiten auftreten. Besonders ausgeprägt ist diese Phasenverschiebung des Abflußganges zwischen den jugoslawischen Adriazuflüssen und unseren Alpengewässern sowie zwischen diesen und den Abflüssen des Apennins. Man kann geradezu von einer Sommerklemme im Süden im Gegensatz zu unserer Winterlücke sprechen.

Die Bestrebungen, den Export österreichischer Wasserkraftenergie weiterhin zu fördern und zu intensivieren, die sich unter anderem in der Gründung der Studiengesellschaft für Alpenwasserkräfte, kurz I n t e r a l p e n genannt, manifestierten, werden zum Schluß noch behandelt.

Vorher sollen aber noch einige Betrachtungen über den Aufwand

Tabelle III
Vergleich von Baukostenindices

Jahr	Index der Wasserkraftwerke [1]	Index der „Öst. Bauzeitung" [2] (Hochbau — Dr. Maculan)	Index aus „Berichten und Informationen" (Siedlungshaus in Salzburg)	Index aus „Monatsberichten des Österr. Institutes für Wirtschaftsforschung" (Hochbau Wien)
1945	100	100	100	100
1946	219	250	228	—
1947	480	530	527	—
1948	505	550	483	—
1949	541	580	647	530
1950	664	700	713	632
1951	1000	950	841	894
1952	1032	950	946	889
1953	1037	960	935	886
1954	1100	1000	1034	919

[1] Laut „ÖWW", Jahrgang 1, Heft 1/2 und Jahrgang 2, Heft 11 sowie „ÖZE", Jahrgang 6, Heft 12.
[2] Geschätzt aus der Abbildung „Über die Entwicklung der Baukosten", „Österr. Bauzeitung" Nr. 44/1955, Seite 5.

angestellt werden, den die Bautätigkeit in den vergangenen zehn Jahren erforderte. Dabei muß man sich vor Augen halten, daß der bloße Vergleich der buchmäßigen Aufwendungen infolge der ständigen Verschlechterung des Kaufwertes unserer Währung innerhalb der vergangenen Dekade keinen Maßstab für die Güte und Wirtschaftlichkeit eines Bauvorhabens zu liefern vermag. Die Summierung von Schillingbeträgen verschiedenen inneren Wertes gibt eine selbstverständlich falsche, vollkommen unzureichende Unterlage für die Bewertung der Anlagen.

Es wurden daher sehr eingehende Untersuchungen über die Baukostenbewegung beim Kraftwerksbau angestellt, um von diesen falschen Summen frei zu werden. Wenn bei diesen Untersuchungen auch mit aller möglichen Vorsicht vorgegangen worden ist, so ist doch zu beachten, daß eine ganze Reihe notwendiger Annahmen eine erhebliche Unsicherheit in die Gedankengänge bringt, die die Zuverlässigkeit der Berechnungen stark beeinträchtigt. Daher kommen auch verschiedene Autoren bei ihrer Berechnung über die Baukostenbewegung zu verschiedenen Ergebnissen. In der Tabelle III ist der Baukostenindex für Wasserkräfte angegeben, der bei der Verbundgesellschaft errechnet wurde; ferner der Bauindex der „Österreichischen Bauzeitung", jener aus der Zeitschrift „Berichte und Informationen", und in der vierten Reihe der Index nach den „Monatsberichten des Österreichischen Institutes für Wirtschaftsforschung". Die Indices verlaufen nicht parallel und der Index für die Wasserkraftbauten weist 1954 den höchsten Wert auf. Wenn es nun auch gelungen ist, die ständige Wertverringerung des Schillings auf den internationalen Märkten zum Stillstand zu bringen, ja zum Teil sogar eine gegenläufige Wertbewegung zu erzielen, so muß demgegenüber leider festgestellt werden, daß bei den Baukosten im Inland auch in den letzten Jahren immer wieder neue Steigerungen eingetreten sind und immer noch entstehen. Steigerungen von Arbeitslöhnen, Erhöhung von Materialpreisen und insbesondere auch Erhöhungen von Tarifen sind die Ursache dafür, daß trotz aller Anstrengungen die Aufwendungen für den Wasserkraftbau von 1951 bis Ende 1954 noch immer um 10% gestiegen sind und auch im Jahre 1956 noch weiter steigen werden. Im letzten Jahr sind allerdings infolge der Konjunktur Überhöhungen aufgetreten, die sachlich nicht gerechtfertigt sind und in den letzten Monaten allem Anschein nach wieder eine gewisse Rückbildung erfahren haben. Es wurde daher unterlassen, diese für 1955 errechneten Werte in der Tabelle anzuführen.

Der Baukostenindex würde noch um ein beträchtliches Maß höher liegen, wenn nicht der Fortschritt der Bautechnik eine gewisse Senkung des Aufwandes für den Bau mit sich gebracht hätte. Aber die Steigerung der Produktivität, bedingt durch den Einsatz neuer großer Baumaschinen, die Anwendung moderner Projektierungsgrundsätze und neuer Baumethoden, sowie die Rationalisierung in den Maschinenfabriken und

Stahlwerken, konnten nur zu einem bescheidenen Teil die Kostensteigerung beeinflussen. Dagegen bewirken die bei den neuesten Bauten erreichten erheblichen Bauzeitverkürzungen eine fühlbare Verminderung der Bauzinsen.

Tabelle IV

Investitionsaufwand und Finanzierung des Kraftwerkbaues der Sondergesellschaften in Österreich von 1947 bis 1954 (Mio. S)

Gesellschaft	Investitions-aufwand	Finanzierung				
		Eigenmittel			Fremdmittel	
		Bund	Aktionäre	Sonstige	ERP	Sonstige
Donaukraftwerk Jochenstein AG.	308,5	64,0				244,5
Ennskraftwerke AG.	895,4	112,5	112,5	68,5	418,0	183,9
Österr.-Bayerische Kraftwerke AG.	314,4	114,0		9,7	168,7	22,0
Österr. Donaukraftwerke AG.	113,4	63,3	51,7 [1]			
Österr. Draukraftwerke AG.	741,6	74,2	20,0	123,7	407,5	116,2
Tauernkraftwerke AG.	1775,0	139,9	23,7	108,0	1343,3	160,1
Summe	4148,3	567,9	207,9	309,9	2337,5	726,7

[1] Überfinanzierung in Höhe von 1,6 Mio. S

Nach Tabelle IV wurden für die im Verbundkonzern seit dem Jahre 1947 durchgeführten Wasserkraftbauten bis zum Jahre 1954 insgesamt 4,1 Milliarden Schilling aufgewendet. 2,3 Milliarden Schilling, das sind 56%, stammen davon aus ERP-Mitteln. Der Rest stammt aus Mitteln, die die Aktionäre (Bund und Länder) aufgebracht haben, aus eigenen Mitteln der Gesellschaften (Rücklagen und Abschreibungen) und aus Anleihen (im wesentlichen Energieanleihe 1953).

Es wurden nun, ausgehend von dem Baukostenindex, vergleichbare Schillingwerte berechnet, die man als eine Art Wiederbeschaffungswert 1954 ansehen könnte. Wie ein solcher Aufrechnungsversuch aussieht, zeigt die Tabelle V, in der die Baukosten der Kraftwerksgruppe G l o c k n e r-K a p r u n nicht nur in ihrer tatsächlich aufgewendeten Höhe, sondern auch in dem berichtigten Wert angegeben sind. So erforderte die Hauptstufe, das ist die Stufe von der Limbergsperre mit dem 9 km langen

Tabelle V
Die Baukosten der Kraftwerksgruppe Glockner Kaprun in Mio. S

Baujahr	Vergleichs-faktor	Hauptstufe (1938—1956)		Möllbeileitung (1948—1954)		Oberstufe (1950—1957)		Summe Werksgruppe	
		tatsächlich	verglichen	tatsächlich	verglichen	tatsächlich	verglichen	tatsächlich	verglichen
1938—1946	11,00	116,4	1280,4	0,7	7,7	0,4	4,4	117,5	1292,5
1946	5,02	3,1	15,6	—	—	—	—	3,1	15,6
1947	2,29	33,0	75,6	0,1	0,2	—	—	33,1	75,8
1948	2,18	100,6	219,3	7,5	16,3	—	—	108,1	235,6
1949	2,03	145,1	294,6	4,9	9,9	0,9	1,8	150,9	306,3
1950	1,65	132,4	218,5	44,1	72,8	10,6	17,5	187,1	308,8
1951	1,10	86,9	95,6	96,1	105,7	137,6	151,3	320,6	352,6
1952	1,07	29,2	31,2	147,8	158,1	215,4	230,5	392,4	419,8
1953	1,06	22,4	23,7	51,3	54,4	270,0	286,2	343,7	364,3
1954	1,00	7,7	7,7	14,2	14,2	288,6	288,6	310,5	310,5
1955	—	4,5	4,5	3,3	3,3	196,7	196,7	204,5	204,5
ab 1955	—	6,0[1]	6,0	—	—	46,3[1,2]	46,3	52,3	52,3
—	—	687,3	2272,7	370,0	442,6	1166,5	1223,3	2223,8	3938,6

[1] Noch nicht endgültig.
[2] Inklusive Restbetrag für Möllpumpwerk.

Spezifische verglichene Baukosten der Werksgruppe:

$$\frac{3939 \text{ Mio. S}}{332.000 \text{ kW}} = 11\,860 \text{ S/kW}; \quad \frac{3939 \text{ Mio. S}}{615 \text{ Mio. kWh}} = 6,40 \text{ S/kWh}$$

Stollen und dem Abstieg zum Kapruner Winkel, einen tatsächlichen Aufwand von 687 Millionen Schilling, in dem, wie in der ersten Zeile zu erkennen ist, ein Aufwand von etwa 116 Millionen Reichsmark und Schilling aus der Zeit vor dem Jahre 1946 enthalten ist, ein Betrag, der sich in heutigen Werten ausgedrückt auf fast 1,3 Milliarden Schilling belaufen würde. Die indexgemäßen Aufwendungen für die Hauptstufe Kaprun werden danach mit etwa 2300 Millionen heutiger Schilling anzugeben sein.

Auch die Aufwendungen für die Möllbeileitung von 1948 bis 1954 mußten, dem sinkenden Arbeitswert des Schillings entsprechend, aufgewertet werden, und selbst die Aufwendungen für die Oberstufe Kaprun, deren Sperren im Herbst dieses Jahres fertiggestellt worden sind, weisen noch eine Korrektur von 60 Millionen Schilling auf. Die Gesamtsumme des Aufwandes für die ganze Werksgruppe von 2,2 Milliarden buchmäßig aufgewendeter Schilling erfährt somit eine Aufwertung auf knapp 4 Milliarden Schilling. Demgegenüber ist es sehr interessant festzustellen, daß die ersten Kostenschätzungen für den gesamten Ausbauplan Kaprun 300 Millionen Reichsmark betrugen, eine Summe, die, mit dem Vergleichsfaktor von 11 multipliziert, einer Aufwendung von 3300 Millionen Schilling heutigen Wertes gleich käme.

Was für Kaprun gilt, gilt in ganz ähnlichem Maße für alle die anfangs angeführten Kraftwerke, die als Torsos übernommen wurden und deren Weiterbau erst nach einer Pause von zwei bis drei Jahren wieder in Gang gebracht werden konnte. Ihre Baudauer beträgt ein Mehrfaches der Zeit, die man normal für die Errichtung solcher Kraftwerke aufwenden muß.

Die hier benützte Methode der Berechnung von indexbereinigten Buchwerten, die in den letzten Jahren — vielleicht im einzelnen mit Variationen, im Grunde aber gleichartig — bei vielen Bewertungen und dergleichen angewendet wurde und die auch bei den Schillingeröffnungsbilanzen zur Bestimmung des Anlagevermögens herangezogen wird, gibt zu verschiedenen Bedenken Anlaß. Zunächst das Wichtigste, das rein technischer Art ist. Der echte Wiederbeschaffungswert kann streng nur durch eine neue Kalkulation nach Ausmaßen mit Einheitskosten ermittelt werden. Dabei müßten auch die modernen Bau- und Berechnungsverfahren sowie die neueren Konstruktionsmethoden berücksichtigt werden. An einem einfachen Beispiel ausgedrückt: der laufende Meter Druckstollen eines bestimmten Durchmessers erfordert heute weniger Aufwand, als das Produkt aus den seinerzeitigen Herstellungskosten mit der zugehörigen Indexziffer ergibt. Ähnliches gilt für den Kubikmeter Beton, für den Aushub usw., so daß der Wiederbeschaffungswert sicherlich tiefer liegt als der durch die geschilderte Methode errechnete.

Ein zweiter Grund dafür, daß der Wiederbeschaffungswert niedriger sein muß, liegt in der verkürzten Bauzeit. Selbst wenn man die Bauzeitverlängerung infolge der schwierigen Arbeitsverhältnisse während des Krieges und der Nachkriegsjahre nicht in Betracht zu ziehen hätte, durch die die allgemeinen Unkosten der Baustelle, die Kosten für die Bauleitung usw. sowie die Bauzinsen wesentlich erhöht werden, muß beachtet werden, daß heute wegen der verbesserten Baumethoden viel rascher gebaut werden kann. Wann hätte früher ein Kraftwerk in $2^1/_4$ Jahren nach Baubeginn mit zwei Maschinensätzen in Betrieb gehen können, wie etwa das Kraftwerk B r a u n a u am Inn, oder in $2\frac{1}{2}$ Jahren wie das noch viel größere Kraftwerk J o c h e n s t e i n an der Donau? Stollenvortriebe von 10 m/Tag sind heute nichts Ungewöhnliches mehr, wogegen man vor noch nicht zehn Jahren kaum den halben Vortrieb erreichen konnte.

Auf die mannigfachen anderen Einwendungen gegen die Indexberechnung an sich kann hier nicht eingegangen werden.

Das angeführte Beispiel soll daher nicht besagen, daß der wahre Wiederbeschaffungswert der Werksgruppe G l o c k n e r - K a p r u n 4 Milliarden Schilling (1953) beträgt. Nun ist für das Kraftwerk Gerlos der Wiederbeschaffungswert auf Grund der Ausmaße genau ermittelt und mit einer indexbereinigten Aufrechnung zu dem gleichen Stichtag verglichen worden, die nach den gleichen Grundsätzen angestellt worden ist wie die für Kaprun gezeigte. Das Ergebnis war, daß der echte Wiederbeschaffungswert nur 63% des aufgewerteten Gesamtaufwandes betrug. Nimmt man für die vor 1951 aufgewendeten Kosten für die Werksgruppe Kaprun ein ähnliches Verhältnis und für die seither aufgewendeten Kosten Gleichheit von aufgewerteten Baukosten und Wiederbeschaffungswert an, so gelangt man zu einem Schätzwert von knapp 3 Milliarden Schilling, das ist das rund Zehnfache des Kostenvoranschlages von 1939, ein Wert, der viel Glaubwürdigkeit besitzt.

Erst für die nach 1951 durchgeführten Bauten lassen sich einigermaßen verläßliche Zahlen angeben, wenn auch seitdem der Index noch um etwa 10% gestiegen ist.

Die Tabelle VI enthält den Baukostenvergleich von vier Flußkraftwerken, die in den letzten Jahren errichtet worden sind. Zunächst das Kraftwerk R o s e n a u an der Enns mit Baukosten von knapp über 200 Millionen Schilling; weiter das Kraftwerk B r a u n a u am Inn mit einem Gesamterfordernis von rund 650 Millionen Schilling; hier ist auf gewisse Schwierigkeiten der Aufwandsberechnung hinzuweisen, die dadurch entstanden, daß ein Teil der Baukosten in DM und ein Teil in Schilling aufgebracht werden mußte. Ferner sind die voraussichtlichen Baukosten für die Donaukraftwerke Y b b s - P e r s e n b e u g und J o c h e n s t e i n angeführt; für dieses gilt die gleiche Überlegung wie für Braunau.

Die spezifischen Baukosten sind in der letzten Zeile der Tabelle angegeben; sie betragen 1,53, 1,27, 1,81 und 1,74 S/kWh. Demgegenüber

Tabelle VI

Baukostenvergleich von Flußkraftwerken

	Rosenau		Braunau		Ybbs-Persenbeug		Jochenstein	
	Mio. S [1]	%	Mio. S [2]	%	Mio. S [3]	%	Mio. S [4]	%
1. Vorarbeiten	20,7	10,1	35,4	5,4	84,6	3,7	62,9	3,9
2. Bauliche Anlagen	91,9	44,8	319,0	48,8	1124,8	48,8	856,1	53,4
3. Maschinelle Ausrüstung	42,6	20,8	146,0	22,4	330,1	14,3	257,4	16,1
4. Elektrische Ausrüstung	33,1	16,2	88,5	13,5	330,6	14,3	131,7	8,2
5. Bauleitung, Sonstiges	7,8	3,8	23,4	3,6	227,2	9,9	184,7	11,5
6. Bauzinsen	8,9	4,3	41,3	6,3	206,3	9,0	111,1	6,9
Summe	205,0	100,0	653,6	100,0	2303,6	100,0	1603,9	100,0
Spezifische Kosten:								
S/kW	8 200		6 800		12 000		11 450	
S/kWh	1,53		1,27		1,81		1,74	

[1] Stand 31. 8. 1954.
[2] Stand 1. 1. 1955.
[3] Stand 1. 4. 1955.
[4] Stand 31. 7. 1955 (1 DM = 5,5 ö. S).

betrugen die entsprechenden spezifischen Werte bei den Aaare-Kraftwerken R u p p e r s w i l - A u e n s t e i n und W i l d e g g - B r u g g in der Schweiz etwa 1,90, bei dem Rheinkraftwerk B i r s f e l d e n 2,30, beim Rheinkraftwerk R h e i n a u rund 2,50 und bei dem Innkraftwerk N e u ö t t i n g 1,70 S/kWh. Die Baukosten für das Rhônekraftwerk M o n t é l i m a r (1,6 Milliarden kWh) werden mit 50 Milliarden ffr, das sind 2,2 S/kWh, angegeben. Das vor wenigen Tagen in Betrieb gegangene Lechkraftwerk R a i n der Rhein-Main-Donau AG. erforderte für 56 GWh einen Aufwand von 20 Millionen DM, das sind gleichfalls 2,20 S/kWh.

Die spezifischen Kosten für die kWh liegen also bei den angeführten vier österreichischen Kraftwerken, selbst bezogen auf den heutigen Arbeitswert des Schillings, also unter Berücksichtigung der entsprechenden Indexzahlen, beträchtlich niedriger als die spezifischen Kosten der gleichartigen Laufkraftwerke in Deutschland, in der Schweiz oder in Frankreich.

Wenden wir uns nun kurz unseren zukünftigen Aufgaben zu. Sie werden keineswegs geringer sein als die Aufgaben, die in den letzten zehn Jahren gestellt worden sind, denn die Steigerung des Bedarfes an elektrischer Energie hält an und es ist kein Anzeichen zu bemerken, daß diese Steigerung etwa geringer werden würde. Wir dürfen nicht übersehen, daß die Verhältnisse in der Elektrizitätswirtschaft ganz andere sind als auf allen anderen Wirtschaftsgebieten. Nirgendwo ist der Erzeuger dem Diktat des Verbrauchers so ausgesetzt wie in unserem Wirtschaftszweig. Wenn eine Leitung einmal besteht, so genügt es, einen Schalter aufzudrehen, einen Motor anzuwerfen, einen Ofen an die Leitung zu schalten, und der Verbraucher entnimmt d i e Leistung aus dem Netz, die dem Anschlußwert des eben angeschlossenen Gerätes entspricht. Niemand kann ihn daran hindern, so zu tun, wie er gerade wünscht.

Er kann also den Strom aus dem Netz förmlich rauben, ohne daß er in jedem einzelnen Falle mit dem Verteiler einen Kaufvertrag abschließt, und er braucht ihn erst zu bezahlen, wenn nach Wochen der Stromverbrauch einer Ableseperiode festgestellt und ihm verrechnet wird. Nur in der Wasserversorgung liegt ein ähnliches Verhältnis vor.

Wenn der Verteiler eines Wirtschaftgutes die benötigte Ware nicht besitzt, so kann sie der Verbraucher nicht erhalten. In der Elektrizitätswirtschaft bricht das Netz zusammen, wenn es infolge übergroßer Entnahme von Strom zu sehr belastet wird. Der Zusammenbruch ist der Selbstschutz des Netzes gegen übermäßige Inanspruchnahme. Um solche zu vermeiden, muß die erwartete Leistungsentnahme bereitgehalten werden.

Aus den eingangs erwähnten Zahlenangaben ist noch erinnerlich, daß der Zuwachs an jährlichem Stromverbrauch 700 Millionen kWh im Jahresdurchschnitt betrug. Es zeigt von einem Mangel an Beobachtungsgabe, an Beurteilungsvermögen und vor allem an wirtschaftlicher Phantasie, wenn man an dem dadurch gekennzeichneten natürlichen Wachstumsgesetz vorübergeht und der Elektrizitätswirtschaft den Vorwurf macht, sie fordere zu viele der beschränkten, für Investitionen zur Verfügung stehenden Mittel an. Eine solche Voraussicht mangelte auch jenen Männern, die 1927 den Bezug der billigen Achensee-Energie nach Wien abgelehnt haben. Die Elektrizitätswirtschaft muß den steigenden Ansprüchen genügen und vorausschauend bauen, bauen und wieder bauen!

Da ein Kraftwerk der angemessenen Größenordnung drei bis vier Jahre Gesamtbauzeit erfordert, ist es unbedingt notwendig, eine weitgesteckte Vorherschau anzustellen und die Bauprogramme durch phasenverschobene Inangriffnahme neuer Bauten so einzurichten, daß das Dargebot mit dem zu erwartenden Bedarf möglichst Schritt hält. Die reichliche Versorgung mit elektrischem Strom gehört zu den wesentlichsten Voraussetzungen für eine gedeihliche Entwicklung der Wirtschaft überhaupt. Was nützt es, neue Fabrikationsstätten zu errichten, wenn man nicht imstande ist, sie ausreichend mit elektrischem Strom zu versorgen, der allein die heute erforderlich hohe Produktivität zu sichern in der Lage ist. Was nützt es auch, Propaganda für die Verwendung von Elektrogeräten aller Art zu machen, wenn man nicht imstande ist, den für ihren Betrieb nötigen Strom jederzeit mit der erforderlichen Spannung und Frequenz zur Verfügung zu stellen.

Der Verbrauch von elektrischem Strom im Haushalt ist heute ebenso ein Kennzeichen des Lebensstandards, wie man ehemals dem Seifengebrauch nachsagte.

Diesen Überlegungen entsprechend ist auch heute noch ein gewaltiges Wasserkraftbauprogramm in Durchführung begriffen (Tabelle VII). Die wichtigsten Anlagen sollen nun in der Richtung von Westen nach Osten angeführt werden.

Zuerst das Kraftwerk L ü n e r s e e (Bild 29) der Vorarlberger Illwerke AG., das bereits mit den allerersten Zielsetzungen dieser Gesellschaft in Aussicht genommen war und dessen Bau im abgelaufenen Jahr begonnen wurde. Das Becken des Lünersees wird durch eine nur 30 m hohe Gewichtsmauer auf einen Nutzraum von 76 hm³ gebracht, das aus dem natürlichen Einzugsgebiet, durch Beileitungen im Speicherhorizont und durch Zupumpen aus dem Latschaubecken der Stufe R o d u n d gefüllt werden soll. Im Krafthaus L a t s c h a u werden sechs Maschinensätze, bestehend aus Generator (Motor), Turbine und Pumpe, zur Aufstellung kommen. Jeder Turbinen-Pumpensatz wird 40 MW Leistung haben. Die Abarbeitung des Speichers wird 200 GWh Winterenergie liefern. Rechnet man hiezu noch die Einsatzmöglichkeit als Tages- oder Wochenend-Pumpspeicheranlage, dann ergibt sich eine weitere Erzeugungsmöglichkeit von 200 GWh Spitzenenergie, davon 120 GWh im

Tabelle VII

Österreichische Wasserkraftanlagen mit mindestens 3 MW Leistung, die sich am 1. 1. 1956 in Bau befanden

Anlage	Baubeginn		Gewässer	Mögl. Höchst-leistung in MW	Regelarbeitsvermögen			Jahr der voraussichtl. Inbetrieb-nahme	Anmerkung
	durch Unternehmen	im Jahre			Winter	Sommer	Jahr		
						GWh			
Lünersee	Vorarlberger Illwerke AG.	1953	Lünersee	230	209	— 44	165 [1]	1957/58	Jahresspeicher-werk mit Pumpspeicherung
Imst	Tiroler Wasserkraft-werke AG.	1953	Inn	80	140	311	451	1956/57	
Kolbnitz (Vollendung)	Österr. Draukraft-werke AG.	1952	Möll-zubringer	108	127	161	288	1956/58	Jahresspeicher-werk mit Pumpspeicherung
Hieflau (Vollendung)	Steir. Wasserkraft- u. Elektrizitäts-AG.	1953	Enns	20	25	65	90	1956	2. Maschinensatz
Schwarzach	Tauernkraftwerke AG.	1954	Salzach	120	163	232	395	1958/59	
Jochenstein (Vollendung)	Donaukraftwerk Jochenstein AG.	1952	Donau	32	50	80	130	1956	Österr. Hälfte (4. und 5. Ma-schinensatz)
Ybbs-Persenbeug	Österr. Donaukraft-werke AG.	1954 (1938)	Donau	192	550	724	1274	1957/59	Baustelle im Jahre 1954 reaktiviert
Ottenstein	Niederösterr. Elek-trizitätswerke AG.	1953	Kamp	40	18	15	33 [2]	1957	Jahresspeicher-werk mit Pumpspeicherung

[1] Hiezu 203 GWh Sommer-Nachtenergie als Pumpstrom erforderlich. Mit Hilfe von weiteren 320 GWh Pumpstrom können jährlich zu-sätzlich 200 GWh Spitzenstrom, davon 120 GWh im Winter, erzeugt werden.

[2] Mit Hilfe von 75 GWh Pumpstrom können jährlich zusätzlich 51 GWh Spitzenstrom erzeugt werden.

Winter, wodurch das jährliche Gesamtdargebot des L ü n e r s e e werkes auf rund 400 GWh gesteigert werden kann. Die Baukosten werden wahrscheinlich eine Milliarde Schilling überschreiten.

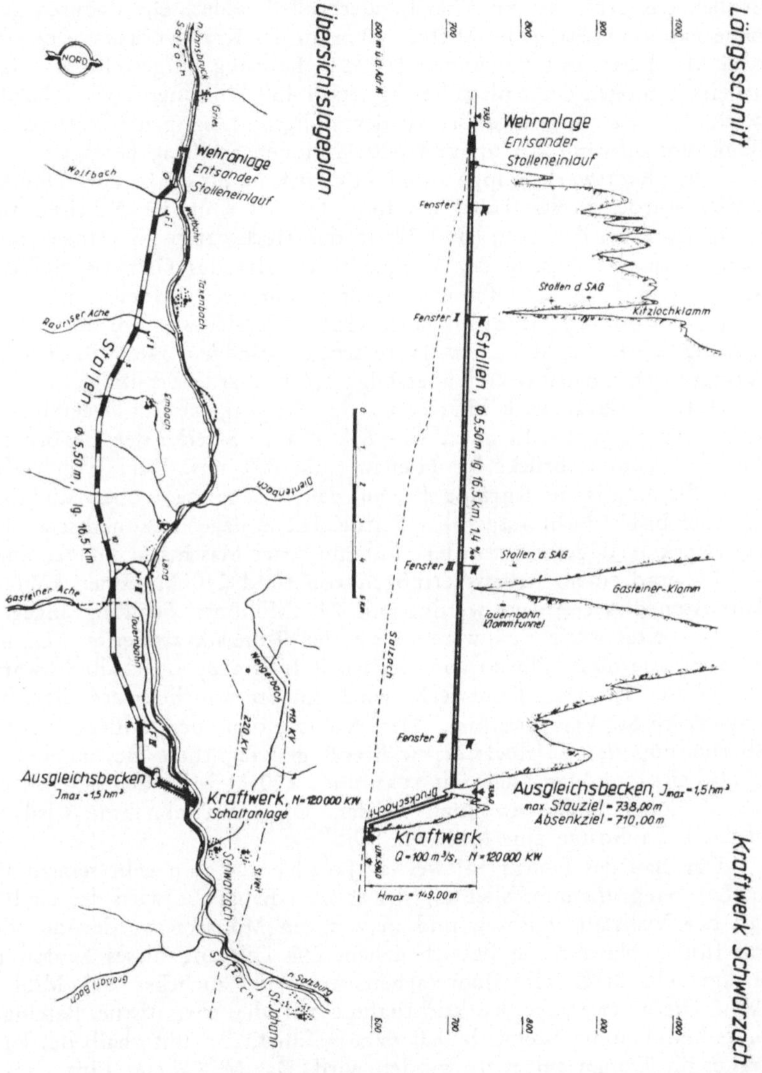

Abb. 5. *Längsschnitt und Übersichtslageplan des Salzachkraftwerkes Schwarzach*
(120 MW, 395 GWh)

Das Innkraftwerk P r u t z - I m s t der Tiroler Wasserkraftwerke
wurde im Jahre 1953 in Angriff genommen. Es nützt die Innstrecke von
der Pontlatzer-Brücke (Bild 30) bis Imst aus, indem der 12,5 km lange
Stollen das große Innknie bei Landeck abschneidet. Die dadurch gewon-
nene Fallhöhe beträgt im Mittel 140 m, in der Kraftwerkskaverne werden
drei Maschinen mit zusammen 80 MW Leistung aufgestellt, das Jahresarbeitsvermögen der Anlage beträgt rund 450 Millionen kWh. Das Kraftwerk P r u t z - I m s t gehört zu den billigsten Anlagen Österreichs. Der
Baukostenaufwand dürfte rund 600 Millionen Schilling betragen.

Die Kraftwerksgruppe R e i ß e c k - K r e u z e c k der Draukraft-
werke wurde bereits früher erwähnt. Derzeit sind die Arbeiten an der
Hauptstufe bei den Seen (Bild 32) in der Hochregion im Gange und vor
kurzem ist der Ausbau der Kreuzeckseite, also des Gebietes südlich der
Möll, am rechten Möllufer in Angriff genommen worden. Dieses Kraftwerk wird voraussichtlich im Jahre 1958 vollendet werden, seine Gesamt-
leistung wird 132 MW, sein Jahresarbeitsvermögen 348 Millionen kWh
betragen. Der Bauaufwand übersteigt 1,1 Milliarde Schilling.

Das Ennskraftwerk H i e f l a u der Steweag ist im Dezember 1955
in Betrieb gegangen. Es nützt eine 6 km lange Strecke der Gesäuse-Enns,
von der Kummerbrücke bis Hieflau (Bild 33), aus. Der Grundgedanke
seiner Planung ist ein Kurzspeicher auf dem Waagplateau oberhalb Hieflau,
der aber bisher nicht ausgeführt wurde. Die Anlage ist zunächst als Lauf-
kraftwerk fertiggestellt worden, mit nur zwei Maschinen von zusammen
40 MW und einem Arbeitsvermögen von rund 240 Millionen kWh. Die
Baukosten dieser Anlage werden mit 240 Millionen Schilling angegeben.

Das Kraftwerk S c h w a r z a c h der Tauernkraftwerke AG. nützt
die Steilstufe dieses Flusses von Gries i. P. bis knapp oberhalb Schwarzach
aus (Abb. 5). Das Kraftwerk wird knapp westlich des Bahnhofes
Schwarzach-St. Veit errichtet. Der Kurzspeicher der Anlage wird die
Abarbeitung des Triebwassers während der täglichen Hochtarifzeit ermöglichen. In 4 Maschinen mit zusammen 120 MW werden jährlich rund
400 Millionen kWh gewonnen werden. Die Inbetriebnahme wird 1958
erfolgen. Baukosten eine Milliarde Schilling.

Der Bau des Donaukraftwerkes J o c h e n s t e i n geht seinem Ende
zu. Die Baugrubenumschließung der letzten Baugrube wird derzeit beseitigt, der Vollstau errichtet, und in wenigen Monaten werden die vierte
und fünfte Maschine in Betrieb gehen. Die Leistung dieses Kraftwerkes
beträgt 140 MW, sein Jahresarbeitsvermögen zunächst 820 Millionen
kWh. Die notwendige Rücksichtnahme auf die paritätische Beteiligung
Deutschlands und Österreichs hat dazu geführt, daß unterhalb des Kraftwerkes die Donau eingetieft werden wird. Das Maß dieser Eintiefung ist
noch nicht ganz sicher festgestellt, wahrscheinlich wird es rund 1 m betragen. Daraus resultiert ein Energiegewinn von rund 100 Millionen kWh.

Derzeit werden eingehende Rentabilitätsberechnungen angestellt. Es ist wahrscheinlich so, daß die spezifischen Baukosten für die Eintiefung nur ein Viertel bis ein Fünftel der spezifischen Baukosten für das ganze Kraftwerk betragen.

Schließlich ist das Kraftwerk Y b b s - P e r s e n b e u g (Bild 34), das Sorgenkind der österreichischen Elektrizitätswirtschaft des letzten Jahrzehnts, zu erwähnen. Nach dem im Jahre 1953 zustande gebrachten Abkommen mit der russischen Besatzungsmacht und Übergabe der Baustelle an uns ist der Bau (Bild 35) wieder in Angriff genommen worden; er schreitet seitdem in vollen Zügen vorwärts. Man rechnet damit, daß die erste Maschine 1957 in Betrieb gehen wird. Die Bauvollendung wird 1959 oder 1960 erfolgen. In diesem Werk werden sechs Maschinensätze mit je 28 MW aufgestellt werden. Jahresarbeitsvermögen 1,3 Milliarden kWh.

Neben einem natürlichen Energiedargebot von 33 GWh bei 40 MW Leistung werden in dem 1957 in Betrieb gehenden Speicherkraftwerk O t t e n s t e i n der Newag mittels Pumpspeicherung weitere 51 GWh Spitzenenergie gewonnen werden. Sein 73 hm³ fassender Speicher (Bild 36) wird neben der Vermehrung und Verbesserung des Energiedargebotes in den Unterstufen auch fühlbaren Einfluß auf die Abminderung der Hochwassergefahr am Kamp ausüben.

Diese in Bau befindlichen Anlagen werden 2,8 Milliarden kWh Arbeit erbringen und den Strombedarf im Jahre 1959 noch voll zu decken vermögen, wenn es gelingt, bis dahin noch eine Erweiterung des Dampfkraftwerkes S t. A n d r ä (Bild 37) durchzuführen, die zur Auffüllung der Winterlücken im Jahresgang der in Bau befindlichen Laufkraftwerke dienen soll. Es ist beabsichtigt, daselbst einen Maschinensatz von 100 MW Leistung aufzustellen, da die Aufschließung der Lavanttaler Kohlengruben sicher erwarten läßt, daß im Jahre 650 000 bis 800 000 t zum Betrieb des erweiterten Kraftwerkes S t. A n d r ä geliefert werden können. Dieses Kraftwerk wurde in den Jahren 1950 bis 1953 erbaut, und zwar mit kleineren Aggregaten von je 20 MW Leistung. Es hat sich als außerordentlich wertvoll für die Elektrizitätsversorgung erwiesen und seit seiner Inbetriebnahme bis Ende November 1955 bereits rund eine Milliarde kWh Dampfstrom in das Verbundnetz geliefert.

Die Leistung aller Dampfkraftwerke reicht derzeit nur knapp aus, um mit der Leistung der beiden großen Speicherstufen Kaprun und der Leistung des Achenseekraftwerkes den winterlichen Leistungsmangel unserer Laufkraftwerke mit Sicherheit zu decken. Die Reserve ist in einem strengen Winter außerordentlich klein. Sie betrug an einigen Tagen im Jänner 1954 nur mehr 2%; wenn eine der großen Maschinen zur Zeit des größten Leistungsbedarfes infolge eines Defektes ausgefallen wäre, so hätte es unvermeidlich zu einem Netzzusammenbruch kommen müssen, einem Ereignis, das wir seit vier Jahren nicht mehr beobachtet haben.

Die Konsequenz auch aus dieser Tatsache ist die Notwendigkeit, den Wasserkraftausbau mit allen verfüglichen Mitteln zu fördern.

Leider ist der Kapitalbedarf hiefür ganz erheblich; wenn wir nur mit einem jährlichen Bedarfszuwachs von 500 Millionen kWh rechnen, so benötigen wir im Jahre 1 bis 1,2 Milliarden Schilling für die Kraftanlagen allein. Da man aber die elektrische Leistung von den Kraftanlagen zu den Verbrauchszentren transportieren muß, und der ständige erhebliche Leistungszuwachs auch eine Erweiterung der Verteilnetze erfordert, so genügt dieser Betrag nicht. Man muß vielmehr mit einem zusätzlichen Bedarf für den Ausbau der Netze rechnen, dessen Größenordnung dem

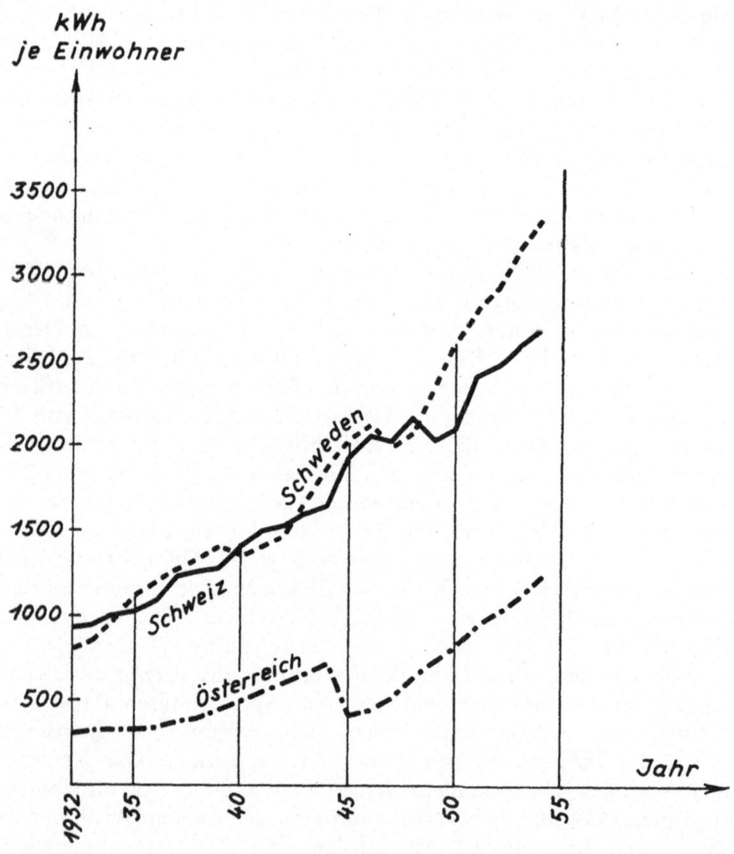

Abb. 6. Entwicklung des Elektrizitätsverbrauches je Einwohner in Schweden, der Schweiz und Österreich von 1932 bis 1954

Betrag für die Erzeugerwerke mindestens gleichkommt. Vergleicht man diesen Aufwand mit dem Sozialprodukt, so ergibt sich der Investitionsbedarf der Elektrizitätswirtschaft mit etwa 2,5%.

In der Schweiz werden zur Zeit rund 600 Millionen sfr/Jahr bei einem Sozialprodukt von 22 Milliarden sfr allein in den Wasserkraftwerken investiert, das ergibt etwa das gleiche Verhältnis. Absolut gibt die Schweiz trotz ihrer viel weitergehenden Elektrifizierung noch immer um 50% mehr für den Wasserkraftausbau aus, als Österreich ausgeben sollte, derzeit aber nicht aufwendet.

Vergleicht man den Kopfverbrauch in kWh/Jahr in der Schweiz, in Schweden und bei uns (Abb. 6), so zeigt sich, daß wir im Jahre 1950 etwa so weit waren wie diese beiden anderen Staaten um das Jahr 1930. Der Zuwachs von 500 GWh/Jahr würde nur zustande bringen, daß wir erst in der Mitte des nächsten Jahrzehnts mit unserem Jahresverbrauch den Schweizer Standard von etwa 1950 erreichen werden.

In Abbildung 7 ist die Entwicklung und die Prognose des österreichischen Stromverbrauches bis zum Jahre 1964 dargestellt. Die dick ausgezogene Linie 1 stellt den Verlauf des Inlandsverbrauches von 1937 bis 1954 dar. Sie ist durch eine gerade strichlierte Linie mit der Bezeichnung 2 bis zum Jahre 1964 fortgesetzt, wo sie einen Verbrauch von über 17 Milliarden kWh/Jahr erreicht. Die dünner ausgezogene, höher liegende Linie 6 mit ihrer gestrichelten Fortsetzung stellt den Inlandsverbrauch, vermehrt um den Export dar, und zwar bis zum Jahre 1954 den tatsächlichen Verlauf, nachher die Erwartung.

Die Differenz zwischen Inlandsverbrauch und Gesamtverbrauch, das heißt also der Export, ist vom Jahre 1954 bis 1964 als konstant angenommen worden. Er betrug in diesem Jahre, wie schon früher erwähnt, 1492 Millionen kWh. Der Gesamtverbrauch wird somit im Jahre 1964 an 19 Milliarden kWh heranreichen, das ist nur die Hälfte des gesamten Energiepotentials der österreichischen Wasserkräfte.

Das Anwachsen des Regelarbeitsvermögens durch die in Bau befindlichen Wasserkraftanlagen ist durch die strich-punktierte Linie 4 dargestellt; das Jahresarbeitsvermögen im Jahre 1960 wird den Betrag von 10,8 Milliarden kWh jährlich erreichen. Die zwischen dieser strichpunktierten und der dünn gestrichelten Linie 6 des Gesamtverbrauches liegende schraffierte Fläche 5 stellt den erforderlichen kalorischen Einsatz dar; die Leistung dieses kalorischen Einsatzes muß also steigen, wenn man den zu erwartenden Bedarf befriedigen will. Diese Steigerung der Leistung soll, wie erwähnt, zunächst durch den Neubau des 100-MW-Maschinensatzes in St. Andrä erreicht werden.

In Abb. 8 ist die sogenannte biologische Wachstumskurve eingezeichnet, die den typischen Verlauf aller Summenlinien hat. Unser Stromverbrauch liegt offenbar in dem Teil dieser Kurve, der die steilste Steigung

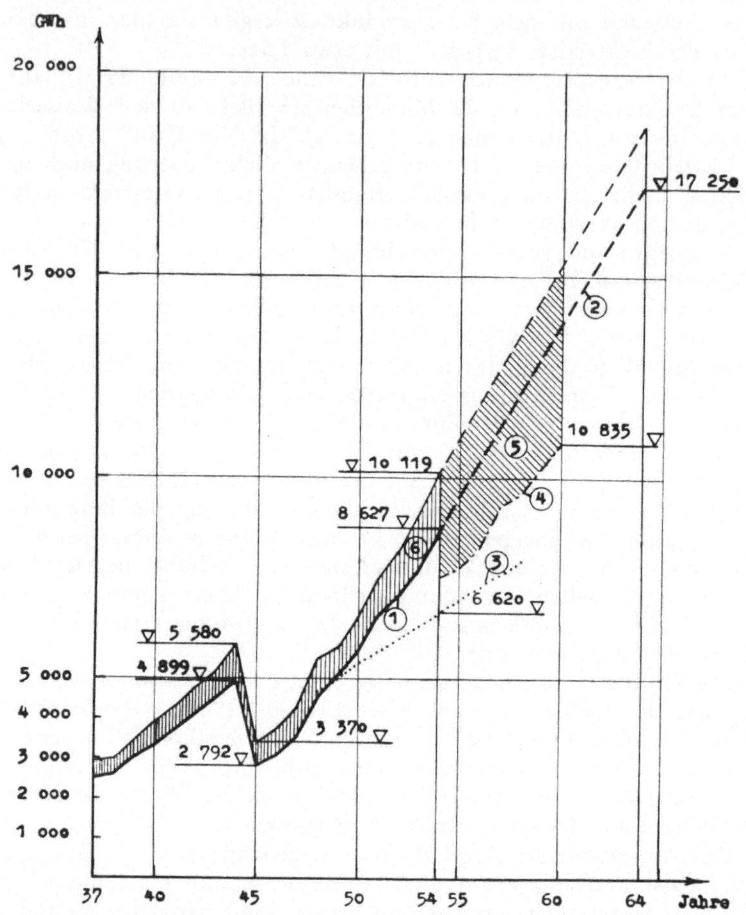

1 Tatsächlicher Inlandsverbrauch von 1937 bis 1954.

2 Prognose des Inlandsverbrauches auf Basis einer Verdoppelung im Laufe der folgenden Dekade.

3 Ursprüngliche Prognose des Inlandsverbrauches im „Elektrizitätswirtschaftsplan" des BM. f. V. u. W. aus dem Jahre 1948.

4 Anwachsen des Regelarbeitsvermögens durch die in Bau befindlichen Wasserkraftanlagen.

5 Erforderlicher kalorischer Einsatz.

6 Tatsächlicher Export bis 1954. Ab 1954 konstant angenommen.

Abb. 7. Entwicklung und Prognose des Stromverbrauches in Österreich von 1937 bis 1964

aufweist, also um den 0-Punkt des Koordinatensystems herum. Er kann tiefer oder höher liegen. Es ist leider der menschlichen Einsicht entzogen, in welchem Punkte der Kurve der derzeitige Verbrauch liegt. Daher leiden auch alle Prognosen an erheblichen Unsicherheiten. Bisher wurden aber selbst die optimistischesten Annahmen über den Bedarfszuwachs durch die Tatsachen übertroffen. Sicher ist aber jedenfalls, daß wir von einem Sättigungspunkt (im Bild die Asymptote) noch weit entfernt sind.

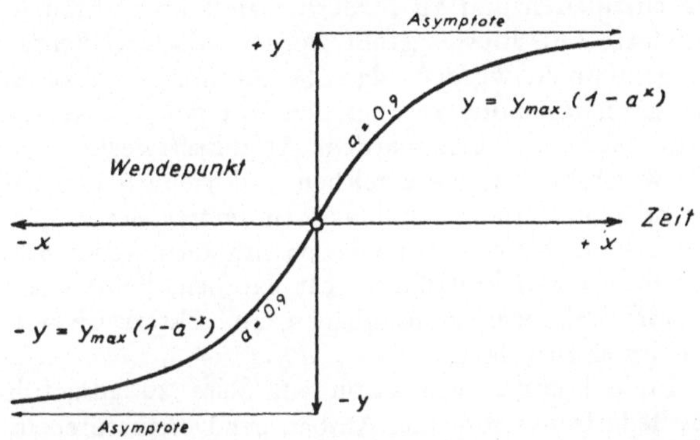

Abb. 8. Biologische Wachstumskurve (S-Kurve nach Menge)

In Abbildung 7 ist punktiert auch jene Linie eingezeichnet, die dem im Energiewirtschaftsplan vom Jahre 1948 angenommenen Bedarfszuwachs entspricht. Danach hätte im Jahre 1954 erst ein Verbrauch von 6,6 Milliarden kWh eintreffen dürfen. Der tatsächliche Verbrauch lag um 2 Milliarden kWh höher.

Nun sollen noch einige wenige Überlegungen hinsichtlich der Atomkraftwerke angestellt werden. Vor wenigen Monaten, als in Genf die große internationale Atomkonferenz stattfand, waren viele Leute außerordentlich beeindruckt und in der Presse wurde schon geschrieben, daß wir in wenigen Wochen womöglich den Bau eines Atomkraftwerkes beginnen würden. Diese Mitteilungen sind aber den Ereignissen wesentlich vorausgeeilt. Niemand kann hier daran denken, ein Experiment mit den heutigen Atomkraftwerken zu wagen. Wir in Österreich sind ja in einer ganz anderen Lage als beispielsweise Großbritannien, dessen Kohlenproduktion für den Bedarf der Elektrizitätswerke in naher Zukunft nicht mehr ausreichen wird. Es ist ganz klar, daß daher die englischen Energiewirtschafter dieses Problem aus einem ganz anderen Gesichtswinkel betrachten müssen und genötigt sind, Atomkraftwerke zu erbauen, coute que coute. In Österreich wird aber selbst bei optimistischesten Annahmen über den Bedarfszuwachs in zehn Jahren noch nicht einmal die Hälfte unseres Wasserkraftpotentials benötigt werden, um den Bedarf zu decken. Es ist daher genügend Zeit vorhanden, die Entwicklungen auf dem Gebiet der Atomkraftwerke zu beobachten, und es ist erst dann nötig, an den Bau eines Atomkraftwerkes zu schreiten, wenn genügend Kenntnisse gesammelt sind und aus den Erfahrungen fortgeschrittener Länder gelernt worden ist.

Derzeit ist in Österreich eine Studiengesellschaft für Atomforschung in Gründung begriffen, deren Zweck es sein wird, alle notwendigen Forschungen einzuleiten und zu fördern, damit im rechten Moment hinreichend fundierte Entschlüsse gefaßt werden können. Heute schon kann als sicher angenommen werden, daß die Atomkraftwerke den Bau der Wasserkraftwerke, insbesondere aber den Bau von Wasserkraft-Speicherwerken, nicht beeinträchtigen werden. Atomkraftwerke mit Baukosten, die jene der Wasserkraftwerke erreichen und vielfach überschreiten, sind typische Grundlastkraftwerke und werden immer der Ergänzung durch Spitzenkraftwerke bedürfen. Daher lassen sich auch weder Schweden noch die Schweiz, zwei Wasserkraftländer cat exochen, keineswegs behindern, ihre Wasserkraftwerke weiter auszubauen, und Österreich wird gut daran tun, ihrem Beispiel zu folgen.

In erster Linie kommt, wie schon auf Seite 20 ausgeführt, für die Deckung des Bedarfszuwachses der Ausbau der Donaustufen in Frage; hier stehen nach dem bereits weitgehend entwickelten Rahmenplan 10 weitere Stufen mit mehr als 1900 MW Ausbauleistung und über 12 Milliarden kWh Jahresarbeitsvermögen zur Verfügung (Abb. 9). Sie reichen je nach der eintretenden Verbrauchszunahme größenordnungsgemäß für die Entwicklung von 15 bis 20 Jahren. Sie brauchen zur Ergänzung Speicherwerke und kalorische Anlagen und werden daher konsequent durch den systematischen Ausbau von hochliegenden Langspeichern in den Alpen, zunächst wohl in den hohen Tauern und den Zillertaler Alpen, ergänzt werden müssen und durch die Errichtung von kalorischen Kraftwerken auf Erdöl- und Erdgasbasis im Raum von Wien.

Aber auch die Lücken in den bisher nur zum Teil ausgebauten Läufen der großen Donauzubringer werden in naher Zukunft zu schließen sein; so am Inn durch die Kraftwerke S c h ä r d i n g und P a s s a u, beide in der gleichen Größe etwa wie B r a u n a u, oder an der Enns durch die Stufen L o s e n s t e i n und S t. P a n t a l e o n. Sehr interessant ist die Planung eines Langspeichers in der Enns zwischen Hieflau und dem Stauende von G r o ß r a m i n g nach dem Vorbild der hohen Staustufen G é n i s s i a t in der Rhône, R o s s e n s in der Sarine, R o ß h a u p t e n am Lech oder des Ausbaues der Dordogne in Frankreich. Die in Aussicht genommene Sperrenstelle K a s t e n r e i t h liegt oberhalb der Mündung des Weyerbaches in die Enns.

Aber auch viele kleinere Speichergelegenheiten werden, wahrscheinlich im Rahmen der Landesversorgung, zweckmäßig ausgenützt werden kön-

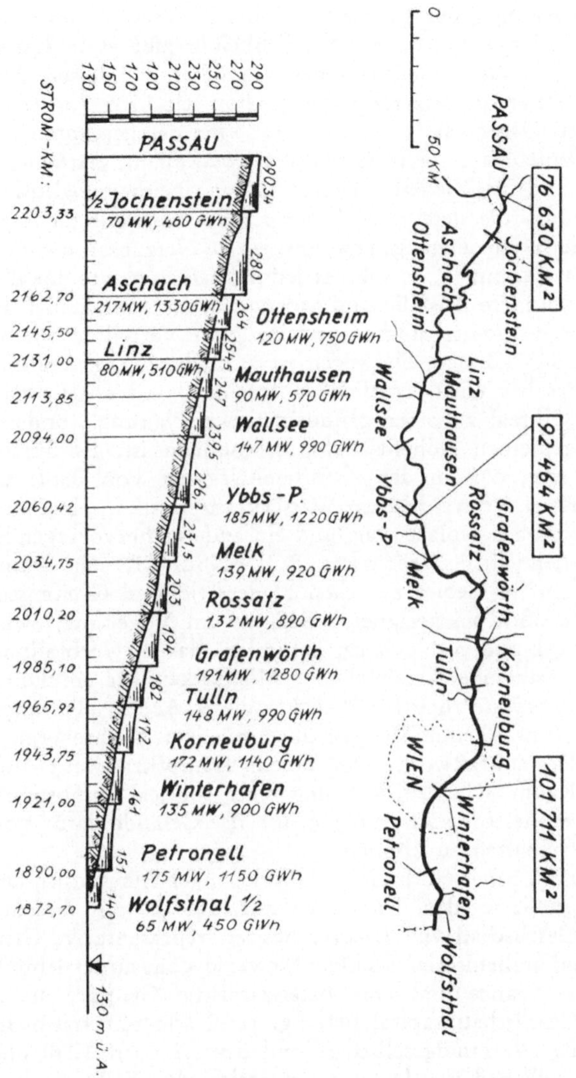

Abb. 9. *Rahmenplan der Donau zwischen Passau und Wolfsthal*

41

nen. Ein schönes Beispiel für eine solche ist das Bauvorhaben der Kelag am Freibach, einem kleinen Nebenfluß der Drau, wo sich ein ausgezeichneter Speicher ergibt, der auf Grund seines Inhaltes gut im Landesbereich eingesetzt werden kann. Solche Möglichkeiten gibt es in Österreich beispielsweise für den Endausbau des Gosaubaches, dessen Erschließung Gegenstand des ersten österreichischen, schon seit 1905 vorliegenden Rahmenplanes ist. Gegenwärtig bestehen nur zwei der geplanten fünf Stufen, so daß ein Vollausbau dieses Gewässers zweckmäßig erscheint. Auch das Mühlviertel und die Niederen Tauern bieten Speichermöglichkeiten einer Größenordnung, die dem Bedarf der Landesversorgung entspricht.

Wenn auch, wie eingangs erwähnt, totale Netzzusammenbrüche heute nicht mehr vorkommen, so gibt es jedoch nach wie vor lokal begrenzte, technisch begründete Ausfälle und Störungen, die naturgemäß am schnellsten durch den Einsatz solcher gut im Netz verteilter Speicheranlagen beseitigt werden können. Deswegen ist auch die Errichtung eines Pumpspeicherwerkes bei Wien ernstlich zu erwägen, und es ist schade, daß es bisher nicht einmal zu einer grundsätzlichen Planung, sondern lediglich zu ganz allgemeinen Rohentwürfen gekommen ist. Es dürfte noch in Erinnerung sein, daß in der Zwischenkriegszeit von Prof. SÖLLNER, einem der ersten österreichischen Wasserkrafttechniker, ein Pumpspeicherwerk bei Payerbach geplant war, und ein anderer hervorragender Wasserkraftmann, der Wiener Senatsrat BODENSEHER, ein Pumpspeicherwerk für Wien im Gebiet zwischen Hadersfeld und Greifenstein plante. Später wurde noch ein geeignetes Gelände am Vogelsang, zwischen dem Hermannskogel und Kahlenberg, gefunden, das in Verbindung mit der Donau beim Kahlenbergerdörfel eine Möglichkeit für ein Pumpspeicherwert bietet. Voraussetzung für Projekte dieser Art ist allerdings die Verfügung über hinreichende Mengen überschüssiger Nachtenergie, eventuell aus einem Donaukraftwerk oder einem Dampfkraftwerk auf Gasbasis im Wiener Raum. Die Projektierung eines solchen Pumpspeichers sollte aber je früher, desto besser erfolgen, um das Gelände dafür von anderen Bauwerken freihalten zu können.

Zum Schluß sollen noch einige Überlegungen hinsichtlich der I n t e r - a l p e n angestellt werden. Es ist bekannt, daß die mit diesem Kurztitel bezeichnete Gesellschaft vier Partner besitzt: repräsentative Gruppen von deutschen und italienischen Elektrizitätsversorgungsunternmungen, die Electricité de France und eine österreichische Gruppe, die zu je ein Viertel am Gesellschaftskapital beteiligt sind. Die österreichische Gruppe besteht aus der Verbundgesellschaft und den Ländern Tirol und Vorarlberg. Der Gesellschaft wurden von österreichischer Seite die Projekte für den Ausbau der Isel in Osttirol mit Speicher im Dorfertal (Bild 38) und im Matreier Tauerntal, für den Ausbau der Ötz (Bild 39) und der Bregenzer Ach (Tabelle VIII) zum Studium zu dem Behuf übergeben, daß nach erfolgter Prüfung von den vier Partnern schrittweise (Tabelle IX) an den Ausbau der Gewässer geschritten werden solle. Zwei Drittel des Arbeitsvermögens sollen den drei beteiligten Ländern dienen, das dritte Drittel der österreichischen Volkswirtschaft zufallen.

Der Grundgedanke dieses Planes fußt auf der Tatsache, daß von dem vorhandenen Wasserkraftpotential der mitteleuropäischen Staaten das Österreichs am wenigsten ausgenützt ist (derzeit mit 25% gegenüber der Schweiz und Norditalien mit etwa 50%) und daß es daher zweckmäßig

Tabelle VIII

Interalpen — Vollausbau

Werksgruppe	Zahl der Kraftstufen	Mögliche Höchstleistung in MW	Regelarbeitsvermögen			Zahl der Speicher	Speicherinhalt in GWh
			Winter	Sommer	Jahr		
			GWh				
Osttirol	5	430	824	381	1205	3	655
Bregenzer Ach	5	548	856	409	1265	7	496
Westtirol	6	1059	1338	852	2190	6	1129
Vollausbau	16	2037	3018	1642	4660	16	2280

einer überstaatlichen Elektrizitätswirtschaft dienstbar gemacht werden könnte. Diese Absicht kommt den hauptsächlich von den USA propagierten Ideen einer westeuropäischen Wirtschaftskooperation sehr entgegen und scheint daher auch geeignet, eine erhebliche Anziehungskraft auf das internationale Kapital auszuüben. Die Voraussetzung für die Durchführung dieses Konzeptes war natürlich zunächst ein entsprechendes Übereinkommen zwischen den beteiligten Partnern. Schon nach Fertigstellung der ersten Stufe würde ein entsprechendes Leitungssystem entstehen, das auch den Abtransport von in Österreich in nicht unerheblichem Maße anfallendem Überschußstrom in wasserreichen Monaten übernehmen könnte und daher einer besseren Ausnützung der Laufkraftwerke dienen würde. Dieser zusätzliche Export erbrächte auch die nötigen Zuflüsse fremder Währungen, durch die jene Teile der Auslandskredite für die Interalpenprojekte bedient werden könnten, die dem Österreich zufallenden Energieanfall entsprechen.

Daß ein langfristiges Ausbauprogramm auch einen großen regulierenden Einfluß auf den Inlandsmarkt, besonders das Bauwesen auszuüben vermöchte, ist ohne viel Worte klar. Der frühere Energieminister Doktor Migsch hat sich schon im Jahre 1948 sehr für das der Interalpen zugrundeliegende Konzept ausgesprochen. Es darf daher gehofft werden, daß in Bälde weitere Schritte für seine Verwirklichung getan werden können, da die Verträge zwischen den Partnern bereits unterschriftsreif vorliegen.

Ob und inwieweit die Zusammenarbeit in den Interalpen auch Erfolge zeitigen wird, muß die Zukunft lehren. Aus der in den letzten Jahren errichteten Verbundwirtschaft mit Deutschland, Italien und Jugoslawien resultierende Hoffnungswerte und die Grenzkraftwerke am Inn und

Tabelle IX

Interalpen — Erste Ausbaustufen

Kraftwerk (Werksgruppe)	Mögliche Höchstleistung in MW	Regelarbeitsvermögen			Speicherinhalt GWh	Baukosten (inklusive Bauzinsen) Mio. ö. S.
		Winter	Sommer	Jahr		
			GWh			
Dorfertal-Huben (Osttirol)	128	238	75	313	195	1020
Bregenz (Bregenzer Ach)	132	172	200	372	36	920
Ötz-Unterstufe (Westtirol)	280	133	654	787	7	1660
Summe 1. Ausbau	540	543	929	1472	238	3600

Donau sowie der Lünerseeausbau geben dem Interalpenkonzept zusätzliche Antriebskräfte.

Angesichts gewisser Hemmungen in Österreich, die Interalpen gewissermaßen als einen Ausverkauf der österreichichen Wasserkräfte anzusehen, was im Hinblick auf den in den bezüglichen Verträgen vorgesehenen Rückkauf zugunsten Österreichs irrig ist, erscheint eine Stimme aus Frankreich, dem am weitesten entfernt liegenden Partner, besonders bemerkenswert. Der Vizepräsident des Senates, Ernest PEZET, betonte anläßlich seines Berichtes über den Staatsvertrag im französischen Senat die hohe Bedeutung der Zusammenarbeit der Electricité de France mit der Verbundgesellschaft in der Interalpen und sagte wörtlich:

«Les rapports intelligemment noués et développés par l'Electricité de France avec son homologue d'Autriche, la Verbundgesellschaft, sont susceptibles de développement fructueux tant au point de vue des intérêts matériels que des intérêts européens.» Und setzt fort: «L'exploitation en pool des immenses forces hydrauliques d'Autriche concourra à des fins européennes dont l'intérêt déborde et surpasse le profit matériel qui est, en soi, de grande importance.»

44

Literaturverzeichnis

B e r m a n n, B.: Betrachtungen zur Energiewirtschaft Österreichs. Schriftenreihe des Österr. Wasserwirtschaftsverbandes, H. 6. Springer, Wien 1946.

B e u r l e, G.: Der Bau des Kraftwerkes Rauris-Kitzloch der Salzburger Aluminium-Ges. m. b. H., Lend. Österr. Wasserwirtschaft, 6. Jhg. (1954), H. 5.

B ö h m e r, H.: Über den derzeitigen Stand der Bauarbeiten am Tauernkraftwerk Kaprun. Schriftenreihe des Österr. Wasserwirtschaftsverbandes, H. 14. Springer, Wien 1949.

Bundesministerium für Energiewirtschaft und Elektrifizierung: Kraftwerk Salza-St. Martin. Wien 1949.

Bundesministerium für Verkehr und verstaatlichte Betriebe, Bundeslastverteiler: Erzeugungs- und Verbrauchsstatistik der Elektrizitätswirtschaft in Österreich, Ausgaben 1948—1954.

Bundesministerium für Verkehr und verstaatlichte Betriebe: Bestandsstatistiken 1951 und 1955.

Bundesministerium für Verkehr und verstaatlichte Betriebe, Bundeskanzleramt, Österr. Elektrizitätswirtschafts AG und beteiligte Gesellschaften: Austria's Hydro Power Resources and their Utilization for European Power Supply. Wien 1955.

Bundesministerium für Verkehr und verstaatlichte Betriebe: Österreichs Energiebauten 1954—1955.

Bundesministerium für Verkehr und verstaatlichte Betriebe: Österreichische Kraftwerke in Einzeldarstellungen, Folgen 1—22. Wien 1952—55. (Beschreibungen der Kraftwerke Schwabeck, Lavamünd, Engerthstraße, Simmering, Hütte Linz, Mühlrading, Voitsberg, Ternberg, Klagenfurt, Timelkam, Staning, Großraming, Neusiedl/Zaya, Hütte Donawitz, Partenstein, Fohnsdorf, Kirchbichl, Bregenz-Rieden, Werksgruppe Obere Ill, Rott, Rosenau und Latschau.)

Deutsche Verbundgesellschaft, Heidelberg: Deutschland und die österreichischen Alpenwasserkräfte. Österreichische Zeitschrift für Elektrizitätswirtschaft (ÖZE), 6. Jhg. (1953), H. 3.

Donaukraftwerk Jochenstein AG: Zur Erinnerung an die feierliche Inbetriebnahme der ersten drei Maschinensätze des Donaukraftwerkes Jochenstein. Passau 1955.

Ennskraftwerke AG: Ennskraftwerke in Betrieb, in Bau, in Planung. Steyr 1949.

Ennskraftwerke AG, Oberösterreichische Kraftwerke AG: Ennskraftwerk Großraming. Steyr 1950.

F i s c h e r, E.: Das Ennskraftwerk Hieflau. Österreichische Zeitschrift für Elektrizitätswirtschaft (ÖZE), 8. Jhg. (1955), H. 5.

F r i s c h, V.: Der Ausbau des Hochdrucklaufwerkes Ranna. Österreichische Zeitschrift für Elektrizitätswirtschaft (ÖZE), 8. Jhg. (1955), H. 11.

F u c h s, H.: Die Donaustufe Jochenstein. Die Wasserwirtschaft 1953, H. 11/12.

F ü r s t, R.: Die Stromversorgung der Bahn in Österreich. Österreichische Zeitschrift für Elektrizitätswirtschaft (ÖZE), 6. Jhg. (1953), H. 6.

G r è z e l, P., C a s t i l l o n, L.: Le développement des échanges d'énergie électrique entre la France et les pays limitrophes et les possibilités de rélations électriques entre la France et l'Autriche. Österreichische Zeitschrift für Elektrizitätswirtschaft (ÖZE), 6. Jhg. (1953), H. 3.

G r e n g g, H.: Das Großspeicherwerk Glockner-Kaprun. Schriftenreihe des Österreichischen Wasserwirtschaftsverbandes, H. 23. Springer, Wien 1952.

G r i m m, H.: Die Entwicklung des Stromabsatzes in Österreich. Österreichische Zeitschrift für Elektrizitätswirtschaft (ÖZE), 7. Jhg. (1954), H. 10.

G r i m m, H.: Elektrizitätsbedarf und -aufbringung im Verbundnetzgebiet im Energiewirtschaftsjahr 1955/56. Österreichische Zeitschrift für Elektrizitätswirtschaft (ÖZE), 8. Jhg. (1955), H. 8.

H a m a n n, F.: Die Dürrachzuleitung zum Achensee. Österreichische Zeitschrift für Elektrizitätswirtschaft (ÖZE), 4. Jhg. (1951), H. 12.

H e l l e r, E.: Anteil der Wasserkräfte an der Deckung des steigenden Energiebedarfes Europas. Energiewirtschaftliche Tagesfragen, 2. Jhg. (1952), H. 9.

H i n t e r m a y e r, F.: Tätigkeitsberichte des Bundeslastverteilers über die Berichtsjahre 1947—1954. Österreichische Zeitschrift für Elektrizitätswirtschaft (ÖZE), 1.—8. Jhg. (1947—1955).

H ü t t l e r, E.: Derzeitiger Stand der Planung und der Vorarbeiten für das Speicherwerk Dorfertal-Huben in Osttirol. Österreichische Zeitschrift für Elektrizitätswirtschaft (ÖZE), 8. Jhg. (1955), H. 10.

Innwerk AG, Töging: 33 Jahre Innwerk. 1950.

Innwerk AG, Töging: Das Innkraftwerk Simbach-Braunau der Österr.-Bayerischen Kraftwerke AG. Sonderdruck aus der Schweiz. Bauzeitung, 72. Jhg. (1954).

K a h l i g, H.: Die Grundlagen der optimalen Verbundwirtschaft. Österreichische Zeitschrift für Elektrizitätswirtschaft (ÖZE), 7. Jhg. (1954), H. 11.

K o c i, A.: Die Wasserkraftwerke der Österreichischen Bundesbahnen. Österreichische Zeitschrift für Elektrizitätswirtschaft (ÖZE), 3. Jhg. (1950), H. 10.

K o c i, A.: Die Elektrifizierung der Österreichischen Bundesbahnen. Elektrotechnik und Maschinenbau (E und M), 68. Jhg. (1951), H. 5.

K o c i, A.: Die Elektrifizierung der Österreichischen Bundesbahnen. Elektrotechnik und Maschinenbau (E und M), 70. Jhg. (1953), H. 1 und 2.

K o d r i c, E.: Trinkwasserwerk und Kraftwerk Mühlau. Österreichische Bauzeitschrift, 9. Jhg. (1954), H. 10.

K ö l l i k e r, K.: Zum Elektrizitätsförderungsgesetz 1953. Österreichische Zeitschrift für Elektrizitätswirtschaft (ÖZE), 6. Jhg. (1953), H. 10.

K ö n i g s h o f e r, E.: Die österreichischen Wasserkräfte und deren Verwertung für die europäische Energieversorgung. Energiewirtschaftliche Tagesfragen, 2. Jhg. (1952), H. 11.

L a u f f e r, H.: Das Kalserbachkraftwerk der Tiroler Wasserkraftwerke AG. Österr. Zeitschrift für Elektrizitätswirtschaft (ÖZE), 4. Jhg. (1951), H. 4.

L a u f f e r, H.: Das Innkraftwerk Prutz-Imst. Österreichische Wasserwirtschaft, 7. Jhg. (1955), H. 5/6.

L a u s c h, K.: Aus der österreichischen Elektrizitätswirtschaft 1938 bis 1945. Elektrotechnik und Maschinenbau (E und M), 63. Jhg. (1946), H. 1/2.

L e c h n e r und R o t t e r - W o l e t z, H.: Das Saalachkraftwerk der Stadt Salzburg. Elektrotechnik und Maschinenbau (E und M), 68. Jhg. (1951), H. 19.

L i n d n e r, K.: Das Salza-Kraftwerk. Österreichische Wasserwirtschaft, 4. Jhg. (1952), H. 4.

L u d w i g, W.: Voraussichtliche Entwicklung des Strombedarfes aus der öffentlichen Versorgung in Österreich und Feststellung der zur Deckung desselben fehlenden Arbeit und Leistung. Österreichische Zeitschrift für Elektrizitätswirtschaft (ÖZE), 6. Jhg. (1953), H. 9.

L u d w i g, W.: Zehn Jahre Bundeslastverteiler. Österreichische Zeitschrift für Elektrizitätswirtschaft (ÖZE), 8. Jhg. (1955), H. 12.

Niederösterreichische Elektrizitätswerke AG (Newag): Kampkraftwerke (Broschüre).

Oberösterreichische Kraftwerke AG: Ennskraftwerk Mühlrading. Linz 1948.

O r n i g, J.: Österreichs Energiewirtschaft. Springer, Wien 1927.

Österreichische Kraftwerke AG: Ennskraftwerk Staning. Linz 1946.

Österreichische Zeitschrift für Elektrizitätswirtschaft (ÖZE), 8. Jhg. (1955), H. 9: Das Kraftwerk Ybbs-Persenbeug der Österreichischen Donaukraftwerke AG.

Österreichische Wasserwirtschaft, 2. Jhg. (1950), H. 8/9: Das Gerloskraftwerk bei Zell am Ziller.

R u i ß, O., V a s, O.: Die Energiequellen Österreichs und ihr Ausbau. Bericht des Österreichischen Nationalkomitees der Weltkraftkonferenz für die 4. Weltkraftkonferenz in London 1950.

S c h l e n k, R.: Zur Frage der Stromrücklieferung aus Vorschalt-Energieanlagen. Österr. Zeitschrift für Elektrizitätswirtschaft (ÖZE), 5. Jhg. (1952), H. 1.

S c h m i d t, H. G.: Zur Frage der Bahnstromversorgung in Österreich. Elektrotechnik und Maschinenbau (E und M), 71. Jhg. (1954), H. 5.

S e l t e n h a m m e r, L.: Die Bewegung der Anlagekosten im Österreichischen Wasserkraftwerksbau vom September 1949 bis April 1953. Österreichische Zeitschrift für Elektrizitätswirtschaft (ÖZE), 6. Jhg. (1953), H. 12.

Steirische Wasserkraft- und Elektrizitäts AG (Steweag): Das Salzakraftwerk der Steweag. Graz 1949.

S t a h l, R.: Die Atomenergie und die Projekte der Interalpen. Österreichische Zeitschrift für Elektrizitätswirtschaft (ÖZE), 7. Jhg. (1954), H. 9.

S t a h l, R.: Gegenwartsprobleme der Österreichischen Elektrizitätswirtschaft. Österr. Zeitschrift für Elektrizitätswirtschaft (ÖZE), 7. Jhg. (1954), H. 10.

S t a h l, R.: Gemeinsamer Markt — Energie für Europa. Österreichische Zeitschrift für Elektrizitätswirtschaft (ÖZE), 8. Jhg. (1955), H. 10.

S t e i n b ö c k, W.: Planung und Bau des Winterspeicherwerkes Reißeck-Kreuzeck. Österreichische Wasserwirtschaft, 5. Jhg. (1953), H. 5/6.

S t e p h e n s o n, H.: Analyse des Energieverbrauches für die Schätzung der Bedarfsentwicklung und für die Planung des künftigen Kraftwerksbaues. Österr. Zeitschrift für Elektrizitätswirtschaft (ÖZE), 8. Jhg. (1955), H. 12.

Tauernkraftwerke AG, Zell am See: Die Hauptstufe des Tauernkraftwerkes Glockner-Kaprun. Festschrift 1951.

Tauernkraftwerke AG, Zell am See: Kraftwerk Salzach. (Merkblatt) 1953.

Tauernkraftwerke AG, Zell am See: Die Oberstufe des Tauernkraftwerkes Glockner-Kaprun. Festschrift 1955.

T r e i b e r, E.: Die Wasserkraftanlage Egglfing (Obernberg) am Inn. Zeitschrift des Vereins deutscher Ingenieure, Bd. 94 (1952), H. 36.

U r b a n, E., V a s, O.: Erfahrungen Österreichs mit zwischenstaatlichen Wasserkraftwerken. Österreichische Zeitschrift für Elektrizitätswirtschaft (ÖZE), 7. Jhg. (1954), H. 11.

V a s, O.: Grundlagen und Entwicklung der Energiewirtschaft Österreichs. Springer, Wien 1930 (mit Ergänzungsband 1933).

V a s, O.: Die Wasserwirtschaft Österreichs und ihre Bedeutung für Österreichs Wiederaufbau. Schriftenreihe des Österreichischen Wasserwirtschaftsverbandes, Springer, Wien 1946, H. 5.

V a s, O.: Österreichische Energiewirtschaft. Österreichischer Volkswirt, 1946.

V a s, O.: Die Neuordnung der österreichischen Elektrizitätswirtschaft. Österreichischer Volkswirt, 1947.

V a s, O.: Der Anteil Österreichs an der elektrizitätswirtschaftlichen Gemeinschaftsplanung in Europa. Schriftenreihe des Österreichischen Wasserwirtschaftsverbandes, H. 13. Springer, Wien 1948.

V a s, O.: Probleme der Kraftwasserwirtschaft in Mitteleuropa. Schriftenreihe des Österreichischen Wasserwirtschaftsverbandes, H. 22. Springer, Wien 1952.

V a s, O.: Wege und Ziele der österreichischen Elektrizitätswirtschaft. Springer, Wien 1952.

V a s, O.: Alpenwasserkräfte in Österreich. Österreichische Zeitschrift für Elektrizitätswirtschaft (ÖZE), 6. Jhg. (1953), H. 3.

V a s, O.: Die Bedeutung der österreichischen Wasserkräfte für Mitteleuropa. Wasser- und Energiewirtschaft, 1953, H. 7.

V a s, O.: Österreichische Wasserkräfte für eine europäische Verbundwirtschaft. Das Konzept „Interalpen". Energiewirtschaftliche Tagesfragen, 5. Jhg. (1955), H. 36.

V a s, O.: Zwischenstaatliche Wasserkraft- und Elektrizitätswirtschaft und die Rolle Österreichs. Schriftenreihe des Schwedischen Wasserwirtschaftsverbandes, 1955.

W e i g l, H.: Das Kavernenkraftwerk Braz der Österreichischen Bundesbahnen. Österreichische Bauzeitschrift, 9. Jhg. (1954), H. 5.

W e l l a c h e r, E.: Das Murkraftwerk Dionysen der Steirischen Wasserkraft- und Elektrizitäts-AG (Steweag). Österreichische Bauzeitschrift, 10. Jhg. (1955), H. 2.

W i e t z, A.: Finanzierung der österreichischen Energiewirtschaft. Energiewirtschaftliche Tagesfragen, 4. Jhg. (1954), H. 26.

Bildernachweis

Werkphoto der VOEST 1
Werkphoto der Tauernkraftwerke AG. 2, 24
Werkphoto der Vorarlberger Illwerke AG. 3, 4
Atelier Wilhelm Wagner, Wien 5, 6, 18, 19, 31, 32, 34, 37
Archiv Verbundgesellschaft 7, 10, 11, 12, 16, 23, 25, 29, 35
Bundesministerium für Verkehr und verstaatlichte Betriebe 8
Werkphoto Innwerk AG. 9
Werkphoto der Ennskraftwerke AG. 13, 20
Atelier Fritz Wunderlich, Linz 14
Werkphoto der Tiroler Wasserkraftwerke AG. 15, 30
Bildberichter C. Pospesch, Salzburg 17
Photogrammetrie G. m. b. H., München 21
Werkphoto der Donaukraftwerk Jochenstein AG. 22
Technische Lichtbildwerkstätte Luis Mlaker, Graz 26
Atelier Rudolf Lang, Linz 27
Atelier Penz, St. Pölten 28, 36
Atelier S. Baumgartner, Liezen 33
Atelier A. Baptist, Linz 38
Studiengesellschaft Westtirol 39

Bild 1. Ansicht des Dampfkraftwerkes Hütte Linz
(175 MW) der VÖEST

Bild 2. Krafthaus der Hauptstufe Kaprun (220 MW,
465 GWh) mit den 4 Druckrohrleitungen

Bild 3. Ansicht des Kraftwerkes Rodund (170 MW, 442 GWh) der Vorarlberger Illwerke AG. Auf dem Dach die Freiluftschaltanlage, im Vordergrund das Ausgleichsbecken

Bild 4. Silvrettastausee (Stauziel 2030 m, Nutzinhalt 39 hm³), rechts die Silvrettasperre (405 000 m³ Beton), links der Bielerdamm (360 000 m³ Kiesschüttung). Im Hintergrund Hohes Rad, Buin-Gruppe und Bieltalferner

Bild 5. Speicher des Gerloskraftwerkes (Stauziel 1190 m, Nutzinhalt 0,9 hm³); Bogensperre mit 10 000 m³ Betoninhalt

Bild 6. Pfeilerkraftwerk Lavamünd an der Drau (24 MW, 138 GWh). Die drei Maschinensätze sind in den verbreiterten Wehrpfeilern untergebracht

Bild 7. *Blick talein in den Wasserfallboden, den späteren Speicherraum der Hauptstufe Kaprun, im Jahre 1948. Im Vordergrund der Felsaushub für die Sperre Limberg, in der Bildmitte der kleine Hilfsspeicher*

Bild 8. *Unterwasserkraftwerk Rott an der Saalach (4 MW, 19 GWh) im überströmten Zustand vom bayrischen Ufer aus gesehen*

Bild 9. Grenzkraftwerk Obernberg-Egglfing am Inn (Österr. Hälfte: 42 MW, 248 GWh). Ansicht der Unterwasserseite vom österreichischen Ufer aus

Bild 10. Ennskraftwerk Staning (33 MW, 174 GWh)

Bild 11. Ennskraftwerk Ternberg (30 MW, 159 GWh)

Bild 12. Baustelle des Ennskraftwerkes Großraming im Jahre 1948

Bild 13. Ennskraftwerk Großraming (54 MW, 242 GWh). Getrenntes Maschinenhaus mit je einem Maschinensatz am linken und rechten Ufer

Bild 14. Bau des Donaukraftwerkes Ybbs-Persenbeug im Oktober 1953 vor Wiederaufnahme der Bauarbeiten. Blick donauabwärts, links das Schloß Persenbeug und die linksufrige Baugrube

Bild 15. Sperre im Bächental für die Wasserfassung der Dürrachbeileitung zum Achensee (2900 m³ Betoninhalt). Ausführung nach dem Fugenexpansionsverfahren nach Dr. Lauffer. Links im Vordergrund die Entsanderanlage

Bild 16. Margaritzenspeicher (Nutzinhalt 3 hm³) für die Möllbeileitung zur Werksgruppe Glockner-Kaprun. Links die Kuppelmauer Möllschluchtsperre (35 000 m³ Betoninhalt), rechts die Margaritzensperre (33 000 m³ Betoninhalt)

Bild 17. Luftbild der beiden Großspeicher der Werksgruppe Glockner-Kaprun. Im Vordergrund der Speicher Wasserfallboden (Stauziel 1672 m, Nutzinhalt 84 hm³) mit der Limbergsperre (450 000 m³ Betoninhalt). An deren Fuß das Krafthaus Limberg der Oberstufe (112 MW, 150 GWh). Im Hintergrund der Speicher Mooserboden (Stauziel 2035 m, Nutzinhalt 84 hm³) mit links der Drossensperre (340 000 m³ Betoninhalt) und rechts — durch die Höhenburg getrennt — die Moosersperre (640 000 m³ Betoninhalt)

Bild 18. Speicher Weißsee (Stauziel 2250 m, Nutzinhalt 15 hm³) der Werks-gruppe Stubach der Österr. Bundesbahnen. Links die Sperre (60 000 m³ Betoninhalt)

Bild 19. Krafthauskaverne Braz an der Alfenz (24 MW, 80 GWh) der Österreichischen Bundesbahnen

Bild 20. Ennskraftwerk Rosenau (24 MW, 133 GWh)

Bild 21. Grenzkraftwerk Braunau am Inn (Österreichische Hälfte: 48 MW, 255 GWh). Oberwasseransicht vom österreichischen Ufer. Im Vordergrund die Freiluftschaltanlage

*Bild 22. Baustelle des Grenzkraftwerkes Jochenstein an der Donau (Öster-
reichische Hälfte: 70 MW, 460 GWh). Ansicht vom österreichischen Ufer.
In Strommitte die Baugrube für das 5. und 6. Wehrfeld und den 4. und 5.
Maschinensatz. Am jenseitigen Ufer die beiden Schiffschleusen (August 1955)*

*Bild 23. Baustelle Jochenstein. Setzen und Verfüllen der Kreiszellen für die
Baugrubenumschließung (März 1953)*

Bild 24. Krafthaus Limberg der Oberstufe Kaprun (112 MW, 150 GWh). Beide Maschinensätze sind mit Speicherpumpen ausgestattet, wodurch sich jährlich die Möglichkeit zur Veredelung von 300 GWh Abfallenergie in 200 GWh Spitzenenergie ergibt

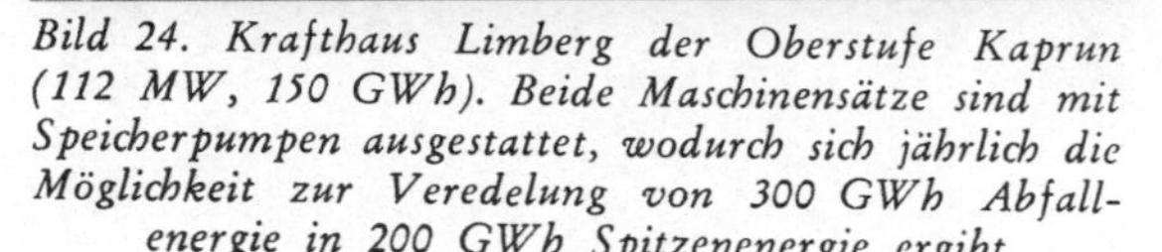

Bild 25. Speicher Zlan (Stauziel 675,5 m, Nutzinhalt 1,3 hm³) des Kraftwerkes Kamering am Weißenbach (8 MW, 37 GWh). Bogensperre (8000 m³ Betoninhalt) mit Hochwasserüberfall in Sperrenmitte

Bild **26**. *Hierzmannspeicher der Werksgruppe Teigitsch (Stauziel 708 m, Nutzinhalt 7,2 hm³). Bogensperre (43 000 m³ Betoninhalt) mit Hochwasserüberfall in Sperrenmitte*

Bild 27. Rannaspeicher (Stauziel 493 m, Nutzinhalt 2,3 hm³) des Kraftwerkes Ranna (19 MW, 47 GWh). Bogensperre (29 000 m³ Betoninhalt) mit Hochwasserüberfall in Sperrenmitte

Bild 28. Kampspeicher Dobra (Stauziel 437 m, Nutzinhalt 19,7 hm³). Bogen-
mauer (89 000 m³ Betoninhalt) mit Hochwasserüberfall in Sperrenmitte

Bild 29. Ansicht des Lünersees. In Bau befindlicher Großspeicher (Stauziel
1970 m, Nutzinhalt 76 hm³). Die künftige Staumauer ist schraffiert angedeutet

Bild 30. Wehranlage des Innkraftwerkes Prutz-Imst
(80 MW, 451 GWh) in Bau (Mai 1955)

Bild 31. Krafthaus Kolbnitz der Werksgruppe Reißeck-
Kreuzeck (24 MW, 60 GWh; im Vollausbau: 132 MW,
348 GWh). Links im Hintergrund die Druckrohrleitung
für die zur Zeit größte Fallhöhe der Welt von 1771 m

Bild 32. Baustelle des Speichers Großer Mühldorfer See der Speicherstufe Reißeck (Stauziel 2319 m, Nutzinhalt 7,9 hm³). Gewichtsmauer mit Hohlräumen (150 000 m³ Beton); Oktober 1955

Bild 33. Wehranlage des Ennskraftwerkes Hieflau (40 MW, 240 GWh) in Bau

Bild 34. Modellaufnahme des Donaukraftwerkes Ybbs-Persenbeug (192 MW, 1274 GWh). Je ein Krafthaus am linken und rechten Ufer

Bild 35. Baustelle des Donaukraftwerkes Ybbs-Persenbeug (192 MW, 1274 GWh). Die Schleusenmauer in Bau, im Hintergrund Schloß Persenbeug (September 1955)

Bild 36. Modellaufnahme der Sperre und des Kraftwerkes Ottenstein am Kamp (40 MW, 33 GWh). (Stauziel 495 m, Nutzinhalt 73 hm³).

Bild 37. Dampfkraftwerk St. Andrä im Lavanttal (67,5 MW)

Bild 38. Sperrenstelle Daberklamm (Osttirol). Projektierte Bogensperre (320 000 m³ Betoninhalt) und künftiger Stausee (Stauziel 1730 m, Nutzinhalt 100 hm³) weiß eingezeichnet

Bild 39. Sperrenstelle Zwieselstein (Ötztal). Projektierte Bogensperre und künftiger Stausee (Stauziel 1575 m, Nutzinhalt 122 hm³) weiß eingezeichnet

SCHRIFTENREIHE DES ÖSTERREICHISCHEN WASSERWIRTSCHAFTSVERBANDES

H. 1—5 vergriffen.

H. 6: **Bermann, R.,** Betrachtungen zur Energiewirtschaft Österreichs. 23 S. 1946, S 6.50.

H. 7: **Hartig, E.,** Wasserwirtschaft und Wasserrecht — Der Österreichische Wasserwirtschaftsverband. 25 S. 1947, S 7.—.

H. 8. **Vas, O.,** Über das Unterwasserkraftwerk. 22 Abb. 67 S. 1947, S 15.—.

H. 9: **Musil, L.,** Wirtschaftliche Gesichtspunkte für die Großraum-Verbundwirtschaft in der Elektrizitätsversorgung. 15 Abb. 43 S. 1947, S 9.—.

H. 10: **Pönninger, R.,** Die Verwertung der städtischen Abwässer in Österreich. 15 Abb. 67 S. 1948, S 14.40.

H. 11: **Steinwender, A.,** Die Zukunft der Wasserversorgung der Stadt Wien. 8 Abb. 44 S. 1948, S 7.20.

H. 12: **Ramsauer, B.,** Die österreichische Nährflächenreserve — das zehnte Bundesland. 7 Abb. 30 S. 1948, S 5.80.

H. 13: **Vas, O.,** Der Anteil Österreichs an der elektrizitätswirtschaftlichen Gemeinschaftsplanung in Europa. 13 Abb. 27 S. 1948, S 6.60.

H. 14: **Böhmer, H.,** Über den derzeitigen Stand der Bauarbeiten am Tauernkraftwerk Kaprun. 22 Abb. 50 S. 1949, S 12.—.

H. 15: **Fritsch, J.,** Talsperrenbeton. 4 Abb. V, 34 S. 1949, S 7.20.

H. 16: **Sitte, F.,** Wasserwirtschaftstagung 1949 in Bad Ischl, Oberösterreich. — Jahresbericht 1948 des Österreichischen Wasserwirtschaftsverbandes. 11 Abb. III, 70 S. 1949, S 19.20.

H. 17: **Kieser, A.,** Gewässerkundliche Grundlagen der Anlagen und Projekte der Vorarlberger Illwerke A. G. 21 Abb. III, 36 S. 1949, S 7.20.

H. 18: **Steinwender, A.:** Über Düsen, Wasserstrahlpumpen und Heber. 33 Abb. III, 47 S. 1950, S 14.40.

H. 19: **Fritsch, J.,** Der heutige Stand der Massenbetontechnik. 15 Abb. 37 S. 1950, S 12.—.

H. 20: **Baumann, F.,** Vom älteren Flußbau in Österreich. 10 Abb. IV, 44 S. 1951, S 14.40.

H. 21: **Kieser, A.,** Die „Kernring-Auskleidung" im Druckstollen „Kops-Vallüla" der Vorarlberger Illwerke A. G. 12 Abb. III, 31 S. 1951, S 10.—.

H. 22: **Vas, O.,** Probleme der Kraftwasserwirtschaft in Mitteleuropa. 27 Abb. III, 60 S. 1952, S. 16.—.

H. 23: **Grengg, H.,** Das Großspeicherwerk Glockner-Kaprun. 10 Abb. V, 35 S. 1952, S 14.—.

H. 24: **Fritsch, J.,** Amerikanischer Talsperrenbau. 22 Abb. III, 51 S. 1952, S 20.—.

H. 25: **Liepolt, R.,** Abwasserwirtschaft in Österreich. **Koziel, O.,** Abwasserwirtschaft in Kärnten. 10 Abb. V, 40 S. 1953, S 18.—.

H. 26/27: **Grabmayr, P.,** Wasserrechtliche Berufungsentscheidungen und Erkenntnisse 1949 bis 1952. III, 73 S. 1953, S 30.—.

H. 28/29: **Hartig, E.,** Internationale Wasserwirtschaft und internationales Recht. 102 S. 1955, S 42.—.